Le compte à rebours
du vingt-cinquième vol
de la navette américaine
vient de commencer.
A 11 h 28,
c'est le décollage, le
T:00.000

T:59.249

T:60,600

T:72.201

T:73.226

T:73.621

Alain Dupas est né en 1945. Docteur ès sciences, ancien auditeur de l'Institut des Hautes Études de Défense Nationale (IHEDN), il est Maître de conférences à l'Université de Paris XI (Orsay) et chargé d'études au Centre national d'études spatiales (CNES). Ses travaux portent sur la technique, l'histoire, la politique et la prospective spatiales. Il est responsable pour l'Europe de la revue *Space Policy* et est depuis de nombreuses années le conseiller pour l'espace de *la Recherche* et de *Ça m'intéresse.* Il est l'auteur de *la Lutte pour l'espace* (Le Seuil, 1977), et d'*Ariane et la Navette* (Hachette, 1981), et dirige aux éditions Denoel, la collection *Présence de la science.*

Pour Muriel

Responsable de la rédaction Elizabeth de Farcy
Maquette Raymond Stoffel
Iconographie Jeanne Hely
Illustration John Berkey
Lecture - correction Dominique Froelich, Dominique Guillaumin, Alain Kauffmann

Coordination Elizabeth de Farcy

Dépôt légal: mars 1987
Numéro d'édition: 40135
1er dépôt légal: octobre 1986
ISBN 2-07-053025-6
Imprimé en Italie

Composition Sophotyp, Paris; Tygra, Paris
Photogravure Fotocrom, Udine
Impression Editoriale Libraria, Trieste
Reliure Zanardi, Padoue

LA SAGA DE L'ESPACE

Alain Dupas

DÉCOUVERTES GALLIMARD
TECHNIQUES

L’histoire spatiale est courte : seulement trois décennies depuis le lancement de *Spoutnik*, le 4 octobre 1957. Mais l’aspiration de l’homme à traverser le cosmos, et à se rendre sur les autres planètes, est beaucoup plus ancienne. Les hommes de la préhistoire scrutaient les cieux et observaient le mouvement des astres pour rythmer leur vie et organiser leurs croyances. A Sumer et en Égypte, on trouve déjà des relevés de positions astrales et des écrits qui associent le destin des hommes et la volonté des dieux aux phénomènes cosmiques.

CHAPITRE PREMIER

L’APPEL DU COSMOS

L’homme a toujours cherché à construire des modèles de l’univers, telle cette superposition des trois mondes dans un bas relief sumérien. Au XXe siècle, il a commencé à explorer lui-même l’espace et les astres.

Dans l'Antiquité, les philosophes s'interrogent sur les mystères du ciel

Parce qu'ils voulaient connaître le ciel, les hommes ont fait de l'astronomie la première des sciences : plusieurs siècles avant J.-C., les philosophes de la Grèce antique analysent en termes mathématiques le mouvement de la Terre et des astres, et proposent des modèles cohérents de l'Univers, qui vont prévaloir jusqu'à la Renaissance. Mais cette même curiosité ne suffit pas à faire de l'astronautique, autrement dit de la navigation intersidérale, la première des technologies. Une énorme barrière sépare l'homme du cosmos : la force de la gravité terrestre. Pour franchir cette barrière, il faut être capable de s'élever au-dessus de l'atmosphère, et de créer une vitesse de 28 000 km/h dans une direction précise. Pour y parvenir, il est nécessaire de maîtriser parfaitement la métallurgie des alliages légers, la chimie de la combustion, le guidage radioélectrique,

Les idées de l'astronome grec Claude Ptolémée, exprimées au IIe siècle après J.-C. dans son ouvrage *l'Almageste,* ont fait autorité jusqu'à la Renaissance. Dans le système de Ptolémée, représenté ici dans un atlas céleste de 1600, la Terre est immobile au centre de l'Univers, et la Lune, le Soleil, les planètes tournent autour d'elle sur des cercles parfaits.

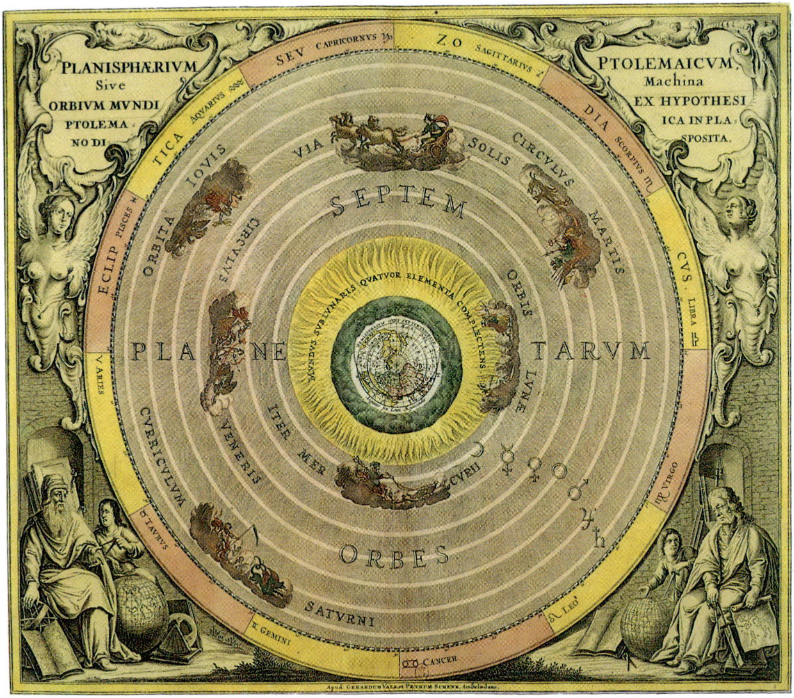

l'aérodynamique des véhicules supersoniques, c'est-à-dire des techniques qui ne se sont développées qu'après la première moitié du XXᵉ siècle.

Cet espace qui leur est inaccessible, les hommes de l'Antiquité en ignorent d'ailleurs l'immensité et la véritable nature : celle d'un vide presque absolu, peuplé d'atomes et de molécules éparses, de grains de poussière, de blocs de glace et de roche, de planètes, d'étoiles... Mais l'ignorance n'empêche pas l'imagination : le rêve des voyages interstellaires commence à s'exprimer dans des textes.

A quoi rêvent les poètes ? A s'envoler vers la Lune

Le premier récit connu que l'on pourrait déjà qualifier de science-fiction remonte au IIᵉ siècle après J.-C. Le poète grec Lucien de Samosate raconte un périple sur la Lune : un navire est soulevé dans les airs par une violente tempête, et transporté sur une Lune peuplée d'êtres chevauchant des vautours à trois têtes. L'histoire, si invraisemblable qu'elle soit, met déjà en scène des éléments que l'on retrouvera dans presque toutes les œuvres du même genre, jusqu'au XIXᵉ siècle : moyens de transport aussi étonnants qu'inadaptés, peuplement des autres mondes par des habitants étranges. Ni les abîmes interplanétaires, ni la vie extraterrestre n'effrayent les écrivains rêvant de la Lune et des planètes.

En 1649, Cyrano de Bergerac publie *l'Autre Monde.* Il y décrit notamment comment une nacelle, aux voiles poussées par l'évaporation de la rosée, l'emporte vers une Lune qui ne s'avère pas si différente de la Terre.

La science-fiction est désormais un genre littéraire ; Jules Verne lui donne ses chefs-d'œuvre

En 1865 paraît *De la Terre à la Lune.* Les trois héros de Jules Verne sont projetés dans le cosmos par un gigantesque canon, et tournent autour de la Lune à bord d'un obus aménagé en confortable vaisseau spatial. En dépit des justifications techniques présentées au fil des pages, le mode de transport proposé est tout à fait invraisemblable : les passagers seraient écrasés par l'énorme accélération du départ, et l'obus fondrait sous l'effet du frottement atmosphérique. Cela n'empêche pas le roman de donner une fantastique impression de vérité, et de constituer un pont entre la fiction et les réalisations du XXᵉ siècle : la

Dans *Autour de la Lune* de Jules Verne, le Français Michel Ardan, le président Barbicane (du Gun Club) et le capitaine Nicholl, ainsi que les chiens Diane et Satellite, sont lancés vers la Lune dans un boulet cylindrique confortablement aménagé.

plupart des grands précurseurs de l'astronautique trouveront en effet leur vocation en tournant les pages du livre de Jules Verne.

Isaac Newton pose les principes de la loi de l'attraction universelle

Pour passer du rêve à la réalité, il fallait que la science progresse. Dès le XVIIe siècle, les mathématiques, la physique, la chimie, la mécanique évoluent rapidement, mais personne ne songe encore à étudier les possibilités de se rendre dans l'espace.

« Mes amis, je pense que cette question est maintenant résolue. (...) Je vous le répète, la distance de la Terre à son satellite est réellement peu importante et indigne de préoccuper un esprit sérieux. Je ne crois donc pas trop m'avancer en disant qu'on établira prochainement des trains de projectiles dans lesquels se fera commodément le voyage de la Terre à la Lune. Il n'y aura ni choc, ni secousse, ni déraillement à craindre et l'on atteindra le but rapidement sans fatigue, en ligne droite. (...) Avant vingt ans, la moitié de la Terre aura visité la Lune ! »

Jules Verne,
De la Terre à la Lune

Tous les fondements de la mécanique spatiale se trouvent dans l'œuvre majeure d'Isaac Newton, les *Principes mathématiques de la philosophie naturelle,* qui date de 1687 : le principe de la propulsion par fusée est tout entier contenu dans le «principe de l'égalité de l'action et de la réaction» posé par Newton, et que chacun peut constater dans le recul d'un fusil ; en outre, partant de la loi fondamentale de la dynamique, le fameux $F=m\gamma$, un calcul facile permet d'établir la formule très simple qui donne la vitesse acquise par une fusée ; enfin, les trajectoires des engins spatiaux sont entièrement régies par l'attraction «newtonienne» que les objets exercent les uns sur les autres du fait de leur masse.

Sir Isaac Newton (1642-1727) eut l'idée de la gravitation à 23 ans. Frappé par la chute d'une pomme, il imagina alors que la force qui agissait sur la pomme et celle s'exerçant sur la Lune étaient de même nature. Il étendit cette loi de «la gravitation universelle» aux planètes du système solaire. Ces résultats furent publiés en 1687 dans les *Principes mathématiques de la philosophie naturelle.*

Il faudra attendre plus de deux siècles après la publication des travaux de Newton pour que les principes de l'astronautique soient enfin établis. Et ce travail ne sera pas effectué par un grand mathématicien dans un institut prestigieux, mais par un modeste instituteur russe isolé dans le petit village de Kalouga, non loin de Moscou : Constantin Tsiolkovsky.

Et si une fusée pouvait voyager dans l'espace ?

En 1883, à l'âge de vingt-six ans, Tsiolkovsky se rend compte qu'une fusée, c'est-à-dire un véhicule qui se propulse en projetant de la matière derrière lui, peut fonctionner dans le vide. Cela découle directement des lois établies par Newton, mais curieusement, personne avant Tsiolkovsky n'avait réalisé ce fait fondamental. Et personne n'avait encore associé l'idée du voyage spatial au seul moyen de le concrétiser, la fusée.

Les fusées existaient pourtant depuis longtemps : les Chinois les utilisaient vers le XIIIe siècle, peut-être même bien avant.

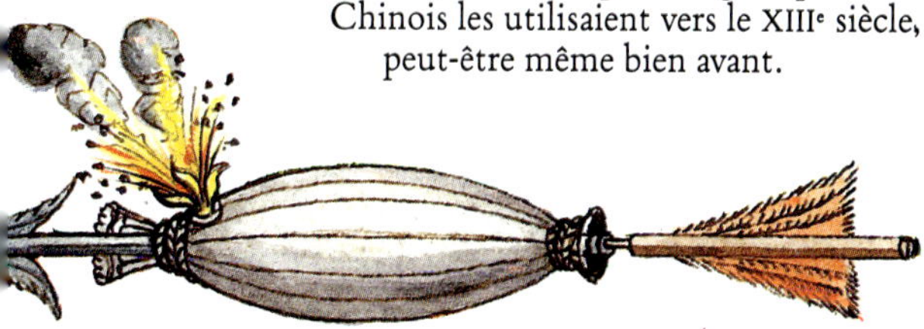

Jean, sire de Joinville raconte que lors de la VIIe croisade en Égypte (1250), des projectiles arrivaient «tout droit en brûlant férocement» : il s'agissait de flèches incendiaires à poudre, dont les Arabes avaient emprunté la technique, d'origine chinoise, aux Mongols. Par la suite, les Européens fabriquèrent leurs propres fusées.

Il s'agissait alors de petits cylindres de métal remplis de poudre noire, mélange de soufre, de salpêtre et de charbon. Ces «flèches de feu», véritables armes incendiaires, effrayaient également leurs victimes par leur bruit infernal. La technique des petites fusées à poudre se propagea rapidement en Inde, dans le monde arabe et en Occident.

Les Anglais firent ainsi un grand usage militaire des fusées mises au point par sir William Congreve : en 1806, 20000 de ces engins, dont certains pesaient 150 kg, furent lancés contre Boulogne par une flottille de navires. Les fusées à poudre ne servaient d'ailleurs pas seulement à la guerre, mais aussi à la réalisation de feux d'artifice, art dans lequel les Italiens étaient passés maîtres.

Dans la nuit du 13 au 14 septembre 1812, les Anglais bombardèrent le fort Mc Henry (près de Baltimore) avec des fusées incendiaires lancées depuis un navire, l'*Erebus,* et de petites embarcations comme celles représentées sur cette gravure, extraite de l'ouvrage de Congreve, *Système de la fusée.*

Sir William Congreve est le grand artisan de l'utilisation des fusées au début du XIXe siècle. Ces fusées, de poids variable, pouvaient peser jusqu'à 150 kg environ, et les artificiers transportaient les plus petites sur des chevaux spécialement harnachés.

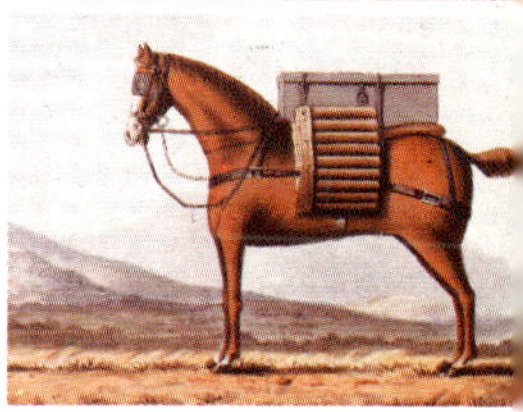

Les fusées militaires étaient conçues comme un complément à l'artillerie traditionnelle, et nul ne se souciait de savoir qu'elles pourraient fonctionner dans le vide et propulser un jour des vaisseaux spatiaux. Le principe de leur fonctionnement, c'est-à-dire la propulsion par réaction, était d'ailleurs mal compris : il était communément admis qu'une fusée avançait parce que les gaz éjectés prenaient appui sur l'air atmosphérique. Cette erreur grossière, qui avait peu d'importance pour les applications guerrières, était bizarrement partagée par certains des plus grands savants de l'époque, qui considéraient que la propulsion d'un objet dans le vide était une utopie.

A Waterloo, le 18 juin 1815, les troupes de Napoléon essuient le feu des fusées «à la Congreve» lancées par les Anglais (page suivante).

Avec Constantin Tsiolkovsky, c'est le départ de la course aux étoiles

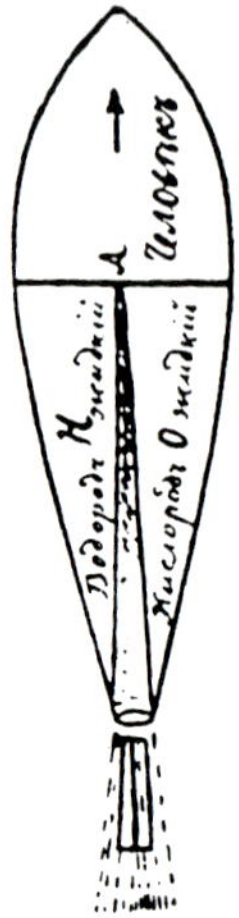

Tsiolkovsky, lui, comprend que la propulsion par réaction dans le vide est bel et bien possible. Dès lors, il ne lui reste plus qu'à établir la formule fondamentale de la propulsion par fusée : la loi du «rapport de masse», qui dit que l'impulsion créée est le produit de la vitesse d'éjection des gaz par le logarithme du «rapport de masse de la fusée» (quotient de la masse au départ par la masse en fin de combustion). Cette découverte date de 1887.

Mais Tsiolkovsky ne s'arrête pas là. Il imagine une fusée beaucoup plus performante que celles à poudre noire : la fusée à «propergols liquides», qui éjecte des gaz fournis par la combustion de deux liquides, un «carburant» (de l'essence, par exemple) et un «comburant»

Constantin Tsiolkovsky (1857-1935), modeste professeur de physique dans un collège à Kalouga, était devenu sourd pendant son enfance à la suite d'une scarlatine. Cela ne l'empêcha pas de devenir le plus grand précurseur de l'astronautique, et d'imaginer en particulier (ci-dessus) une fusée fonctionnant à l'oxygène et à l'hydrogène liquides, propergols qui sont aujourd'hui encore les plus performants.

(de l'acide nitrique entre autres). Il imagine également les fusées à plusieurs étages, fusées superposées ou accolées fonctionnant à tour de rôle ; il prévoit les stations spatiales habitées, les voyages interplanétaires... Grand visionnaire, il associe l'avenir de l'homme à la conquête de l'espace : «La Terre est le berceau de l'humanité, écrit-il, mais on ne peut vivre toujours dans son berceau.» Il lui manque cependant le talent d'expérimentateur, et d'autres que lui devront mettre ses idées en pratique.

Premier sujet d'étude pour l'Américain Goddard : la propulsion à propergols liquides

Robert Goddard (1882-1945), professeur à l'université Clark de Worcester, dans le Massachusetts, s'attache à résoudre, à partir de 1910, les nombreux problèmes pratiques posés par la réalisation de fusées à propergols liquides.

Pratiquement sans aucun soutien des pouvoirs publics américains, il effectue un extraordinaire travail solitaire et le 16 mars 1926, lance la première fusée à propergols liquides du monde avec, bien sûr, des performances modestes : elle s'élève à 12 m d'altitude, et parcourt 56 m à la vitesse moyenne de 96 km/h ; c'est un jouet à l'échelle des fusées actuelles, mais sa réalisation constitue un pas de géant vers la conquête de l'espace. Par la suite, Goddard étudie la plupart des questions essentielles à la construction de ce type de fusées : l'allumage du moteur et l'établissement de la poussée ; le refroidissement de la chambre de combustion par circulation du combustible dans une double paroi ; le pilotage de la fusée grâce aux informations d'une plate-forme stabilisée par des gyroscopes.

Entre 1930 et 1940, il construit des propulseurs d'une poussée atteignant 200 kg, avec une vitesse d'éjection de l'ordre de 2 000 m/s, ce qui est remarquable pour l'époque. Il dépose plus de 200 brevets, et peut être vraiment considéré comme le père de l'astronautique américaine.

Les successeurs de Tsiolkovsky lancent les premières fusées soviétiques

En Union soviétique, des ingénieurs reprennent les idées de Tsiolkovsky. En 1928, Nicolas Tikhomirov et Vladimir Artmeyev créent à Leningrad le laboratoire de dynamique

C'est en lisant, dans sa jeunesse, *De la Terre à la Lune* de Jules Verne et *la Guerre des mondes* de H.G. Wells que Robert Hutchings Goddard, physicien américain, décide de se consacrer aux problèmes des voyages spatiaux. Dès 1902, il propose un article sur la navigation dans l'espace. Après avoir travaillé à des recherches d'intérêt militaire sur les fusées à poudre pendant la Première Guerre mondiale, il publie en 1919 son ouvrage fondamental, *Une méthode pour atteindre une altitude extrême.*

Entre autres projets, Goddard envisage l'envoi vers la Lune d'une fusée qui s'écraserait en une explosion visible de la Terre !

des gaz, ou GDL, dont l'un des départements se consacre bientôt à l'étude des moteurs de fusées à propergols liquides. Un jeune ingénieur les rejoint en 1932 : il s'agit de Valentin Glouchko, qui deviendra plus tard le constructeur en chef des moteurs-fusées spatiaux soviétiques.

A la même époque, des groupes d'étude de la propulsion par réaction, ou GIRD, sont constitués à Moscou et à Leningrad ; c'est celui de Moscou qui réussit le 17 août 1933 à lancer la première fusée soviétique à propergols liquides, la GIRD-O9 : développant une poussée de 50 kg, elle s'élève à 400 m d'altitude.

Dès la fin de 1933, l'ensemble des moyens du GDL et des GIRD est regroupé dans un institut de recherche scientifique sur la propulsion par fusée, ou RNII ; un jeune ingénieur de vingt-six ans commence à y jouer un rôle important : Serguei Korolev, futur fondateur du programme spatial soviétique.

A la veille de la Seconde Guerre mondiale, les ingénieurs russes savent réaliser des propulseurs de plus de 300 kg de poussée ; ils ont donc atteint un niveau comparable à celui des travaux solitaires de Goddard.

La réalisation de la V2 se heurte à trois grandes inconnues techniques : l'aérodynamisme d'un véhicule devant dépasser 5 fois la vitesse du son ; la construction d'un moteur-fusée de 27 t de poussée, cent fois plus puissant que les propulseurs que l'on savait réaliser en 1937 ; et le guidage d'une fusée à longue portée devant atteindre son objectif à quelques kilomètres près.
Le problème aérodynamique sera résolu grâce à la réalisation de la première soufflerie supersonique du monde.
Le propulseur fait appel à des technologies très avancées : la circulation du combustible dans la double paroi de la chambre de combustion, et l'utilisation de turbopompes pour envoyer les propergols dans la chambre de combustion sous une forte pression (16 atmosphères). Le guidage nécessite la mise au point d'une plate-forme stabilisée par des gyroscopes et couplée à un calculateur.

Serguei Pavlovich Korolev (au centre sur la photo), né à Jitomir en 1906, est à la fois ingénieur et pilote.
En octobre 1931, il fonde avec Friedrich Tsänder le Groupe pour la propulsion à réaction, ou GIRD, de Moscou. En 1934, paraît son premier ouvrage, *le Vol des fusées dans la stratosphère.* Entre autres projets, il mène à bien la réalisation du planeur-fusée RP-318, qui vole en 1940 avec le pilote V. Fedorov aux commandes.

En Allemagne, un réseau de talents s'organise autour d'Hermann Oberth

Ce n'est cependant pas en Union soviétique, patrie de Tsiolkovsky, ni aux États-Unis, pays du génial Goddard, que sera franchie l'étape la plus importante vers la réalisation des grandes fusées nécessaires à la conquête de l'espace. Le progrès décisif va être accompli en Allemagne, où un troisième grand précurseur, Hermann Oberth, né en 1894, a fondé en 1927 la Société pour les voyages spatiaux, ou VfR. Ni visionnaire comme Tsiolkovsky, ni technicien comme Goddard, Oberth est plutôt un remarquable propagandiste, capable de rassembler un millier de membres et de regrouper des ingénieurs de talent, parmi lesquels le tout jeune Wernher von Braun, né en 1912. Le 14 mai 1931, la VfR parvient à lancer elle aussi une première petite fusée à propergols liquides, avant de péricliter. Mais ses travaux suscitent un fort intérêt de l'armée allemande et, en août 1932, celle-ci propose à Wernher von Braun de poursuivre ses travaux au centre militaire de Kümmersdorf.

C'est maintenant à von Braun d'opérer une fantastique percée technologique

Les résultats obtenus justifient la construction d'un centre de recherche dans un petit village des bords de la Baltique, Peenemünde. C'est là que l'équipe dirigée par von Braun entreprend de réaliser une fusée gigantesque pour l'époque, la A4, plus connue sous son nom de guerre, V2. Capable de transporter une bombe de 1 tonne à 300 km de distance, la V2 répond aux souhaits ambitieux de l'état-major allemand. Au bout de trois essais, c'est le succès, le 3 octobre 1942.

Extraordinaire exploit technologique, la V2 se révèle pourtant une arme inefficace en l'absence d'une tête nucléaire, et l'effort massif entrepris par Hitler pour la produire en série (4 300 V2 vont être lancées vers l'Angleterre) affaiblit très certainement l'industrie des armements du IIIe Reich déjà bien mal en point du fait des bombardements alliés. Il reste qu'en réalisant cette première fusée de grande taille, von Braun a montré que l'espace n'est plus inaccessible ; le rêve ancestral de l'humanité et les prévisions de Tsiolkovsky vont bientôt devenir réalité.

Sur sa base de départ en Allemagne, une fusée V2 est ravitaillée en combustible. Cette arme dirigée contre l'Europe devait être suivie d'une autre fusée plus puissante, capable de traverser l'Atlantique, dont von Braun avait commencé à dresser les plans.

Dès 1945, Américains et Soviétiques entreprennent d'exploiter les résultats obtenus par les ingénieurs allemands de Peenemünde. Dans cette course aux fusées militaires, qui va devenir une course à l'espace, les États-Unis sont à priori favorisés : ils ont recueilli von Braun et ses meilleurs collaborateurs, ainsi que des dizaines de V2 pratiquement complètes. L'URSS n'a que des fusées incomplètes et des équipements fragmentaires. Mais cela ne va pas l'empêcher de rattraper les États-Unis, puis de les dépasser, à la surprise générale.

CHAPITRE II

LE CHOC DU SPOUTNIK

Wernher von Braun se rend volontairement à la 44e division d'infanterie américaine, au début de mai 1945. Il a alors le bras dans le plâtre. D'autres responsables de la base de Peenemünde l'accompagnent, dont le colonel Herbert Axter (derrière lui) et Hans Lindenberg (à droite).

La première V2 reconstruite outre-Atlantique est lancée dès le 28 juin 1946 depuis la base de White Sands, dans le désert du Nouveau-Mexique. Mais les États-Unis n'ont alors aucune raison de précipiter le développement de missiles à longue portée : ils disposent du monopole de l'arme atomique et leurs bombardiers, basés tout autour de l'Union soviétique, sont parfaitement adaptés au transport de ces bombes encore lourdes, volumineuses, et relativement peu puissantes.

Les premiers missiles américains et soviétiques

Les militaires américains se contentent donc de confier à l'équipe de von Braun la construction d'une version améliorée de la V2, baptisée Redstone, et de demander à la firme Convair d'étudier tranquillement le projet MX-774 d'une fusée intercontinentale, c'est-à-dire capable de parcourir plus de 8 000 km et de franchir les océans.

Les Soviétiques, qui n'ont à l'époque aucun moyen de porter des coups directement sur le territoire américain, mettent en revanche de grands espoirs dans les missiles. Le 15 avril 1947, à la suite d'une réunion présidée au Kremlin par Joseph Staline, ils décident de développer en priorité les fusées à longue portée, et confient la direction de ce

Les troupes américaines parviennent les premières aux usines souterraines du Harz où les V2 sont produites en série. Plusieurs dizaines de fusées y sont récupérées, transportées à Anvers, et, de là, par bateau, à la Nouvelle-Orléans.

A partir de la V2, von Braun réalise entre 1952 et 1954 un missile de moyenne portée, le Redstone (20 m de long, 2 m de diamètre, 28 t au lancement). On voit, à droite, des militaires procéder à son ravitaillement.

programme à Serguei Korolev.
Ces fusées serviront à transporter les bombes atomiques préparées par ailleurs sous l'impulsion de l'académicien Kourtchatov (la première explosion nucléaire soviétique aura lieu en 1949).

Les progrès sont rapides : dès le 30 novembre 1947, une V2 reconstituée est lancée depuis la base de Kapustin-Yar, située sur la Volga, non loin de Stalingrad (aujourd'hui Volgograd). L'année suivante, une version nettement améliorée de la V2, baptisée R-1, est mise au point. Viendront ensuite la R-2, au début des années 1950, puis la première «fusée stratégique», capable de franchir 2 500 km avec une bombe d'une tonne, qui sera mise en service en 1956 dans les forces armées soviétiques.

En URSS, trois hommes sont à l'origine du développement de la première fusée intercontinentale R-7. Kourtchatov (au centre), chargé de construire la bombe H que la R-7 devra transporter ; Serguei Korolev (à droite) dont le bureau d'études conçoit la R-7, et Mstislav Keldych, un mathématicien qui a effectué les calculs et sera plus tard l'un des artisans du programme spatial de l'URSS.

Pour transporter une bombe thermonucléaire, c'est un engin géant qu'il faut réaliser

Entre-temps s'est produit en effet un événement qui change les données du problème stratégique et précipite l'avènement de l'ère spatiale : l'apparition des bombes thermonucléaires, des centaines de fois plus puissantes que les bombes atomiques. Les États-Unis procèdent à la première explosion de ce type le 31 octobre 1952 sur l'atoll d'Eniwetok, dans le Pacifique. Les Soviétiques les suivent quelques mois plus tard, le 12 août 1953.

Les premières armes thermonucléaires sont lourdes et encombrantes, mais cela n'empêche pas l'URSS de s'engager immédiatement dans un programme extrêmement ambitieux : construire un missile pouvant transporter une bombe H de 3 tonnes jusqu'aux États-Unis.
Ce missile devra être près de vingt fois plus gros que la R-2. Cela n'arrête pas Serguei Korolev : tout juste quatre ans plus tard, le 21 août 1957, la première fusée intercontinentale soviétique, baptisée R-7, effectue avec succès son premier vol au départ d'une

toute nouvelle base du Kazakhstan, en Asie centrale, à 400 km de la petite ville de Baïkonour. Cette fusée est monstrueuse pour l'époque : elle pèse près de 300 tonnes. Mais ce gigantisme fera d'elle pendant plus de trente ans le grand instrument de la conquête de l'espace par les Soviétiques.

L'espace devient le lieu stratégique où s'affrontent les deux superpuissances

Les Américains ont également compris l'immense importance stratégique du couple arme thermonucléaire + fusée intercontinentale. Mais ils sont partis en retard, ayant attendu la miniaturisation de leurs bombes H. Ce n'est qu'en 1955 qu'ils décident d'accélérer le projet MX-774, qui devient le programme de missile intercontinental Atlas. Ce missile, conçu pour transporter des bombes moins lourdes, sera beaucoup plus petit que la R-7 soviétique : sa masse n'est que d'environ 120 tonnes. Cette relative légèreté est un avantage sur le plan militaire. Mais elle sera un sérieux handicap pour les utilisations spatiales de l'Atlas.

Les Américains, soudain conscients des rapides progrès accomplis en URSS, ne se contentent d'ailleurs pas de construire l'Atlas. Ils entreprennent le développement de trois autres missiles : deux à moyenne portée (2 500 km), le Thor et le Jupiter, et un troisième, intercontinental, le Titan.

R-7, Atlas, Thor, Titan : au milieu de l'année 1959, tous les grands lanceurs spatiaux américains et soviétiques des décennies à venir (à l'exception de ceux nécessaires à la conquête de la Lune et de la navette spatiale) sont en construction. Le rideau va pouvoir se lever sur l'ère cosmique.

Les fusées-sondes aux portes du cosmos

En fait, les scientifiques américains et soviétiques (tout comme les Français, d'ailleurs) n'ont pas attendu l'avènement des premiers satellites artificiels pour commencer à étudier le proche cosmos. En lançant verticalement un missile à courte portée de la classe de la V2, on peut en effet envoyer un

L'astronautique soviétique connaît avec la R-7 un départ fulgurant. 30 m de haut, 10,3 m de large à la base, une masse de 300 t au départ, plus de 500 t de poussée au décollage, cette fusée est aussi remarquable par sa structure, différente de celle des fusées à étages empilés: l'élément central cylindrique a été entouré de quatre éléments un peu plus courts en forme de cônes très allongés. Au décollage, les 5 fusées, équipées de propulseurs à oxygène liquide et kérozène, sont mises à feu simultanément, d'où une grande sûreté de fonctionnement. Après 140 s de vol, les quatre éléments latéraux sont éjectés. Le corps central poursuit seul sa mission propulsive, et peut se satelliser avec sa charge utile. La R-7 servira plus de 1000 fois entre 1957 et 1986.

paquet d'instruments à plus de 100 km d'altitude, c'est-à-dire au-delà des limites de l'atmosphère, que l'on convient aujourd'hui de fixer à 80 km au-dessus du sol. Le vol d'une fusée-sonde de ce genre ne dure que quelques minutes et se termine par une descente en parachute, mais cela permet déjà de procéder à des mesures intéressantes de l'environnement spatial. C'est ainsi que le 17 décembre 1946, une V2 américaine, tirée de la base de White Sands, s'élève à 116 km d'altitude pour étudier les radiations cosmiques et les micrométéorites.

Les Américains vont faire beaucoup mieux encore avec le projet Bumper, qui consiste à lancer une fusée-sonde à deux étages, composée d'une V2 surmontée d'un petit missile Corporal. Le 24 février 1949, le modèle *Bumper-5* établit ainsi un spectaculaire record en atteignant 405 km d'altitude ! Pour la petite histoire, il faut savoir que c'est dans le cadre de ce projet Bumper que le polygone d'essais de cap Canaveral, qui deviendra le célèbre cosmodrome Kennedy, est utilisé pour la première fois, le 24 juillet 1950.

A leur arrivée aux États-Unis, les spécialistes allemands sont installés sur la base de White-Sands, au Nouveau-Mexique. Dès 1950, c'est cap Canaveral, en Floride, qui devient le haut-lieu de la mise au point et du lancement des fusées scientifiques et des missiles militaires.

Les réserves de missiles V2 n'étant pas inépuisables, les Américains développent plusieurs autres types de fusée-sonde : la Viking et l'Aerobee en particulier. De leur côté, les Soviétiques construisent des versions scientifiques de tous leurs missiles à courte et moyenne portées : la V2A, par exemple, dérivée de la R-2, capable d'emporter une charge utile d'une tonne à 200 km d'altitude. Cette fusée-sonde servira notamment à effectuer des recherches biomédicales sur des animaux et donc à préparer les premiers vols de l'homme dans l'espace.

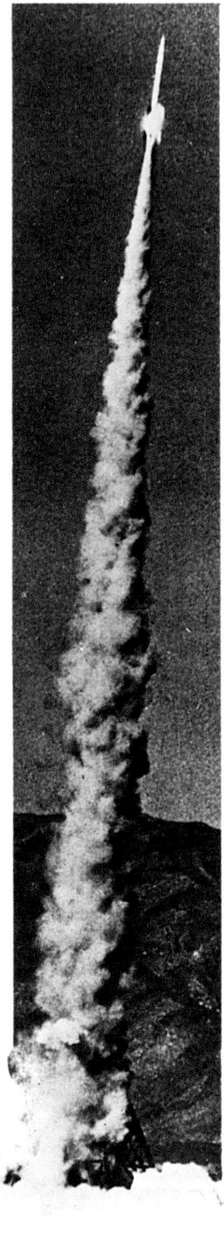

L'année géophysique internationale déclenche la course au satellite

Une marge considérable sépare toutefois le lancement d'une fusée-sonde de celui d'un satellite artificiel. Dans le premier cas, il suffit de communiquer verticalement une vitesse de l'ordre de 2 000 m/s (7 200 km/h) au véhicule. Dans le second cas, il faut créer horizontalement une vitesse de 7800 m/s (28 000 km/h) à plus de 200 km d'altitude, ce qui implique un guidage complexe, précis, et l'emploi d'une fusée à plusieurs étages. Mais avec les progrès considérables accomplis immédiatement après la guerre dans la technique des missiles et des fusées-sondes, une telle réalisation est tout à fait concevable dès la fin des années 1940. Plusieurs propositions dans ce sens sont d'ailleurs avancées aux États-Unis comme en Union soviétique à cette époque, mais sans succès : les dirigeants des deux superpuissances n'y voient aucune urgence.

Il faut attendre 1954 pour que les programmes se mettent vraiment en place sous l'impulsion de la communauté scientifique internationale. Celle-ci a décidé de conjuguer les efforts des pays développés sur une période de dix-huit mois, de juin 1957 à décembre 1958. Ce sera l'Année géophysique internationale, ou AGI. Le 4 octobre 1954, le comité chargé d'organiser cette AGI recommande le lancement de petits satellites artificiels. Le 29 juillet 1955, le président Dwight Eisenhower annonce que les États-Unis engagent effectivement un programme visant à la mise sur orbite d'un satellite artificiel dans la période 1957-1958. Le lendemain, l'académicien soviétique Leonid Sedov déclare que l'Union soviétique fera de même. La course au satellite artificiel commence.

Le projet Vanguard tente de gommer l'image guerrière de l'aventure spatiale

A l'époque, les projets soviétiques ne sont pas vraiment pris au sérieux : la supériorité technologique américaine paraît trop écrasante. Effectivement, les États-Unis pourraient sans difficulté lancer les premiers un petit satellite artificiel dès 1956 : il suffirait qu'ils utilisent le missile expérimental militaire Jupiter-C, construit par l'équipe de von Braun.

Malheureusement pour les États-Unis, le président Eisenhower est opposé au lancement d'un satellite artificiel par un missile militaire. Il veut un programme spatial purement civil. Les États-Unis engagent donc la construction d'une petite fusée spatiale à trois étages, la Vanguard, dérivée de la fusée-sonde Viking. Ce véhicule élancé ne pèse que 10 tonnes au départ et ne peut satelliser qu'une charge utile de quelques kilogrammes. Mais on estime aux États-Unis que cela satisfera les buts scientifiques poursuivis.

Dès 1946, les Américains développent l'Aerobee, une petite fusée de 500 kg, pouvant emporter à 120 km d'altitude une charge utile de 50 kg.

La fusée *Jupiter-C*, présentée ici par von Braun, est une Redstone surmontée de plusieurs petits propulseurs, destinée à ouvrir le chemin aux missiles intercontinentaux par des essais de retour à grande vitesse dans l'atmosphère. Avec 26000 km/h, elle atteint presque la vitesse de satellisation.

Spoutnik lance ses bips au monde entier, la Terre est prise de vertige

Sous la direction de Serguei Korolev, l'URSS adopte une approche tout à fait différente : l'énorme fusée intercontinentale R-7 sera chargée de lancer le premier satellite artificiel. Ce faisant, les Soviétiques prennent un risque : la R-7 pourra-t-elle vraiment être mise au point en 1957 ? La petite Vanguard ne sera-t-elle pas prête plus tôt ? En cas de succès, la capacité de lancement de la R-7 sera considérable : un laboratoire scientifique lourd de 1300 kg serait satellisé ! La décision finale des Soviétiques est prise le 30 janvier 1956, et l'académicien Mstislav Keldysh est nommé responsable de la charge utile scientifique.

Le développement de la R-7 progresse rapidement : un premier tir effectué le 15 mai 1957 est un succès partiel ; une seconde tentative, le 11 juin, connaît le même sort. La réussite totale a lieu le 21 août : la fusée parcourt plus de 8 000 km. Un second succès est enregistré le 7 septembre. La route est ouverte pour le lancement du premier satellite artificiel.

Malheureusement, la construction du laboratoire scientifique lourd avance moins vite que prévu. Elle ne pourra pas aboutir avant 1958. Pour gagner du temps, Serguei Korolev décide au printemps 1957 de réaliser un autre satellite, le plus simple possible : une boule de 58 cm de diamètre, pesant 83,6 kg et n'emportant pour tout équipement que deux émetteurs radio. Le 4 octobre 1957 à 22 h 48 (heure de Moscou), la fusée de 267 tonnes emportant ce satellite décolle depuis le cosmodrome de Baïkonour ; 308 secondes plus tard, *Spoutnik* tourne autour de la Terre, à une altitude comprise entre 228 km (le périgée de l'orbite) et 947 km (son apogée), et ses célèbres

Spoutnik-1 n'est qu'une petite boule dont les longues antennes émettent des «bip-bip» dans l'univers (à gauche). *Spoutnik-2* est déjà un véritable vaisseau spatial (à droite), avec une cabine où Laïka repose entre les containers qui lui distribuent l'air et la nourriture nécessaires pour 7 jours de vie en apesanteur. Ce délai écoulé, Laïka s'est endormie dans les étoiles, après avoir ouvert la route aux hommes de l'espace.

«bip-bip» commencent à être reçus dans le monde entier. L'humanité est entrée dans l'âge de l'espace.

La petite chienne Laïka, pionnière de l'espace, fait des jaloux

Le lancement de *Spoutnik-1* a un retentissement considérable : les États-Unis sont stupéfaits d'avoir été dépassés par l'URSS dans un domaine de haute technologie. Encouragés par ce premier triomphe, les Soviétiques décident de frapper encore plus fort, en improvisant en quelques semaines la construction d'un second satellite à la charge utile spectaculaire : *Spoutnik-2* d'une masse de 508 kg, emportant dans l'espace une petite chienne, Laïka, le premier être vivant à tourner autour de la Terre. Cette tentative est couronnée de succès le 3 novembre 1957.

Face aux stupéfiantes réalisations soviétiques, les projets américains paraissent soudain ridicules : que pèse le 1,8 kg de *Pamplemousse,* premier satellite que doit lancer la fusée Vanguard, face à la demi-tonne de *Spoutnik-2* ? Et la première tentative de lancement d'une Vanguard échoue lamentablement : la fusée explose le 6 décembre 1957... L'Amérique est dans une situation désastreuse. Seul von Braun, qui a enfin obtenu le feu vert pour transformer sa Jupiter-C en lanceur spatial, parvient à tirer son épingle du jeu : le 31 janvier 1958, il place enfin sur orbite le premier satellite artificiel américain, *Explorer-1.* Cet engin n'a qu'une masse de 14 kg, mais il permet une découverte d'une énorme importance : l'existence de ceintures de radiations autour de notre planète.

Il faut attendre le 17 mars 1958 pour qu'une Vanguard parvienne à satelliser *Pamplemousse,* alors que moins de deux mois plus tard, le 15 mai 1958, les Soviétiques mettent enfin sur orbite *Spoutnik-3,* dont la masse laisse les Américains rêveurs : 1327 kg, dont 968 kg d'instruments !

La Lune sourit aux Soviétiques et Nikita Khroutchev se fait un malin plaisir de remettre au président américain Dwight D. Eisenhower une maquette de *Luna-2,* le premier engin qui ait atteint la Lune, le 12 septembre 1959.

Les Soviétiques décrochent la Lune mais troublent la mer de la Sérénité

Battus à leur grande stupéfaction dans la course au satellite, les Américains décident en 1958 de faire monter les enchères, et essaient de doubler les Soviétiques dans l'envoi de sondes automatiques vers la Lune. Pour cela, ils disposent désormais de deux fusées beaucoup plus puissantes que la Jupiter-C ou la Vanguard : les missiles à moyenne portée Jupiter et Thor, qui ont été respectivement testés avec succès le 31 mai et le 20 septembre 1957. Ces fusées restent bien plus petites que la R-7 soviétique, mais avec des étages supérieurs, elles peuvent lancer une charge de quelques kilogrammes vers la Lune.

Les deux premières tentatives d'août et septembre 1958 sont des échecs. La troisième, le 8 novembre 1958, voit *Pioneer-1* s'élever à 113 000 km d'altitude : un record, qui reste cependant bien éloigné de la distance Terre-Lune (en moyenne 384 000 km). La suivante, le 6 décembre 1958, conduit à une performance moins bonne : 102 000 km d'altitude pour *Pioneer-3.* Le succès est acquis le 3 mars 1959 avec *Pioneer-4,* qui passe à 60 000 km de la Lune.

Mais les Soviétiques ont fait beaucoup mieux entre-temps : le 2 janvier 1959, ils ont lancé leur sonde *Luna-1* (alors surnommée *Lunik),* qui est passée dix fois plus près de la Lune (à 6 500 km seulement), quoiqu'elle soit beaucoup plus lourde : 361 kg, contre 5,9 kg seulement pour *Pioneer-4*. Surmontée d'un étage, la puissante fusée R-7 peut en effet communiquer à une masse aussi importante la vitesse proche de 40 000 km/h nécessaire pour s'arracher complètement à l'attraction terrestre.

En outre, l'exploit de *Luna-1* n'est qu'un prélude. Le 12 septembre 1959, *Luna-2* prend à son tour la route de la Lune, sur laquelle elle s'écrase deux jours plus tard, dans la mer de la Sérénité. Pour la première fois, un objet construit par l'homme a atteint un autre corps céleste. La performance de *Luna-3,* lancée le 4 octobre 1959, est encore plus remarquable : passant derrière la Lune, elle obtient les premières photographies de la mystérieuse face cachée !

Le 7 octobre 1959, la face cachée de la Lune perd son mystère : depuis une distance de 62 500 km, *Luna-3* photographie sa surface et transmet les clichés à la Terre. Un exploit technologique sans précédent, qui révèle un hémisphère comprenant plus de cratères et moins de « mers » que la face visible de la Lune. Par la suite, cette face cachée sera photographiée de multiples fois, entre autres par la sonde américaine *Lunar orbiter,* dont on voit l'un des clichés ci-dessous.

La course à l'espace a d'abord porté sur la mise en orbite de satellites de la Terre, puis sur l'envoi de petites sondes automatiques vers la Lune. La troisième étape est encore beaucoup plus importante et significative : il s'agit cette fois de faire voyager un homme dans l'espace. Exploit technique mais surtout concrétisation d'un rêve millénaire, qui marquera l'entrée de l'humanité dans une ère nouvelle.

CHAPITRE III

L'HOMME DANS L'ESPACE

Youri Gagarine, le pionnier du cosmos, est devenu le héros de tout le peuple soviétique, le modèle de la jeunesse.

Dès 1958, soit quelques mois seulement après la satellisation du premier *Spoutnik*, alors que la technique cosmique n'en est qu'à ses balbutiements, Soviétiques et Américains songent déjà aux vols spatiaux habités.

Cette fois encore, l'URSS a l'avantage, grâce à la puissance de ses lanceurs spatiaux : la fusée *R*-7 dans la version triétage qui servira en 1959 à propulser les premiers *Luna*, est capable de mettre en orbite 4700 kg autour de la Terre. Une masse largement suffisante pour concevoir un vaisseau spatial monoplace, même avec la technologie assez peu développée dont disposent alors les ingénieurs soviétiques. Les États-Unis ne possèdent en revanche que leur premier missile intercontinental, l'*Atlas*, testé avec succès le 17 décembre 1957, mais dont la charge utile près de la Terre ne dépassera pas 1300 kg. Construire une cabine spatiale habitée aussi légère relève vraiment de la gageure.

Paradoxalement, ce sont les plans américains qui avancent le plus vite : en janvier 1958, avant même le lancement du premier satellite américain, une grande réunion technique est organisée sur la base aérienne de Wright-Petterson, à Dayton (Ohio). Son programme : étudier la manière dont une capsule doit être conçue pour emporter un passager dans l'espace et surtout en revenir. Il faut un système de secours au cas où le lanceur connaîtrait une défaillance : pour cela, on utilisera une tour fixée à l'avant de la cabine et pouvant arracher celle-ci de sa fusée au moyen de puissants propulseurs à poudre. Il faut ensuite déterminer la manière dont la capsule freinera sa folle course spatiale, à 28000 km/h, pour revenir se poser sur Terre.

Aller dans l'espace n'a rien d'impossible ; en revenir, voilà la question

En fait, il n'existe qu'une seule solution : procéder à un ralentissement en trois étapes. Premier temps : on utilise une petite rétrofusée pour freiner légèrement la cabine et la placer sur une trajectoire pénétrant doucement dans les couches denses de l'atmosphère. Deuxième temps : on tire profit de l'intense frottement atmosphérique pour ralentir la capsule et ramener sa vitesse à une valeur subsonique. Cette étape est naturellement la plus difficile : le frottement aérodynamique dégage suffisamment de chaleur pour faire fondre entièrement la cabine si celle-ci n'est pas bien protégée par un bouclier thermique ! En outre, si la capsule rentre trop vite dans l'atmosphère, elle est détruite à coup sûr... Le troisième temps du freinage présente moins de difficultés : il s'agit simplement d'une descente en parachute pouvant se terminer dans l'eau si l'on souhaite réduire le choc de l'arrivée.

Reste à déterminer la forme que doit avoir la cabine pour subir sans dommage le violent freinage atmosphérique, et ce, d'une manière supportable pour l'astronaute installé à bord. La proposition d'un jeune ingénieur de génie, Max Faget, est adoptée : la capsule sera conique, avec un bouclier thermique en forme de calotte sphérique couvrant sa grande base. Le bouclier sera constitué d'un matériau ablatif, c'est-à-dire se sublimant sous l'effet de la chaleur dégagée par la rentrée dans l'atmosphère, et l'astronaute sera assis adossé au bouclier.

Les essais de Mercury, première cabine spatiale américaine

Dans ce cône de 2,7 m de haut et de 1,85 m de diamètre, un astronaute trouve tout juste place sur un siège moulé à son corps. Trois rétrofusées à poudre sont installées à l'arrière contre le bouclier thermique ; un petit compartiment cylindrique placé à l'avant contient le parachute d'atterrissage. L'astronaute porte un scaphandre et respire une atmosphère d'oxygène pur sous pression réduite (les médecins ont estimé que ce choix, qui permet d'alléger la capsule, est sans danger). Il dispose d'instruments de contrôle et de commandes manuelles pour l'orientation et le freinage de sa cabine mais, en principe, la totalité du vol doit se dérouler automatiquement.

Le 1er octobre 1958, une nouvelle et puissante organisation spatiale est mise en place aux États-Unis : la NASA *(National Aeronautics and Space Administration)*. Elle prend immédiatement la responsabilité du programme Mercury et, dès le début de 1959, commande les équipements nécessaires à la réalisation de ce projet : 20 cabines Mercury ; 14 grosses fusées Atlas permettant de placer la capsule Mercury sur une orbite proche de la Terre ; 8 petites fusées Redstone, destinées à faire voler des Mercury à la manière des fusées-sondes, c'est-à-dire à leur faire accomplir de petits bonds à environ 200 km d'altitude.

La cabine Mercury est (ci-dessus) surmontée à l'avant d'une tour portant des moteurs-fusées pouvant l'arracher à son lanceur en cas d'accident. Elle porte aussi à l'arrière d'autres moteurs, les rétrofusées, qui lui permettent de quitter son orbite et de rentrer dans l'atmosphère. Son lancement se fait à l'aide d'une Redstone (à gauche), ou d'une fusée Atlas.

A l'époque, les Américains estiment en effet qu'ils ont peu de chance de satelliser un homme autour de la Terre avant les Soviétiques, mais qu'ils peuvent en revanche effectuer les premiers un petit saut dans le cosmos. Certes, il n'y a aucune comparaison entre une mission orbitale, très complexe, et un simple vol suborbital, mais la NASA espère ainsi priver l'URSS d'une bonne partie du prestige associé au premier voyage d'un homme dans l'espace.

Le 9 avril 1959, la NASA présente à la presse sa première équipe d'astronautes : sept pilotes d'essai chevronnés dotés d'une solide formation technique et... ne mesurant pas plus de 1,80 m car la cabine Mercury est trop exiguë ! Ils deviendront de véritables vedettes.

Ils sont sept rescapés des impitoyables épreuves de sélection organisées aux États-Unis (de gauche à droite : Slayton, Shepard, Schirra, Grissom, Glenn, Cooper et Carpenter). Sept à avoir «l'étoffe des héros», à disposer d'un siège individuel exactement moulé sur leur corps, comme Alan Shepard (ci-dessous) et à s'entraîner durement dans les simulateurs de vol de la cabine Mercury (John Glenn, ci-dessous, à droite).

NASA

Tels des explorateurs de l'ère nouvelle, les Soviétiques préparent le long voyage du Vostok

En novembre 1958, le projet de vaisseau spatial Vostok (l'Orient) de Serguei Korolev est approuvé. Disposant d'une masse importante, les ingénieurs soviétiques ont pu concevoir un véhicule en deux parties : une cabine récupérable, sphère de 2,3 m de diamètre à l'intérieur de laquelle le cosmonaute est installé sur un siège éjectable ; et un «module de service», fixé à l'arrière de la cabine et pourvu des équipements qui ne sont pas indispensables pour la phase de retour de la cabine (système de stabilisation, rétrofusée, réserves d'air, dispositifs principaux de télécommunication, etc.). Un cordon ombilical relie la cabine et le module de service. Contrairement à la Mercury, qui ne doit pas rester dans l'espace plus d'un jour ou deux, le Vostok est d'emblée conçu pour des vols de douze jours. En outre, le cosmonaute y respire une atmosphère semblable à celle qui existe sur la surface de la Terre.

Les premiers modèles de Vostok sont prêts au début de l'année 1960 ; on sélectionne les premiers cosmonautes, une équipe de vingt jeunes pilotes qui commencent leur entraînement au mois de mars, non loin de Moscou, dans la toute nouvelle cité des Étoiles.

Quelques semaines plus tard, le 15 mai 1960, le premier prototype de Vostok, appelé *Vaisseau cosmique n° 1*, est placé en orbite. La mission est concluante sauf dans sa phase finale : la rétrofusée fonctionne dans le mauvais sens...

Le vaisseau Vostok, protégé par un carénage aérodynamique, va bientôt être fixé à l'avant de sa fusée porteuse, dans le hall d'assemblage du cosmodrome de Baïkonour.

On voit ci-dessous la fusée R-7 tirée sur un wagon spécial vers la plate-forme de lancement. Elle soumettra Gagarine à une forte accélération à laquelle celui-ci se prépare grâce à des séances d'entraînement dans une centrifugeuse (à droite).

Le second essai inhabité du Vostok, le 19 août, est en revanche un succès complet : après avoir accompli 17 tours du globe en une journée, deux petites chiennes, Strelka et Bielka, reviennent saines et sauves sur Terre. Pour la première fois, des êtres vivants sont de retour du cosmos...

L'Union soviétique paraît bien partie dans la course à l'homme dans l'espace, d'autant plus que les États-Unis connaissent de sérieux problèmes avec leur projet Mercury : le 29 juillet 1960, échec de la première mission Mercury-Atlas (vol MA-1) ; le 21 novembre 1960, échec du premier vol Mercury-Redstone (mission MR-1).

En décembre, l'URSS connaît elle aussi un grave revers : le *Vaisseau cosmique n° 3*, qui emporte également un équipage de deux petites chiennes, brûle dans l'atmosphère lors de son retour sur Terre. Trois semaines plus tard, le lancement d'un autre vaisseau échoue (le système de sécurité fonctionne cependant, et la cabine est récupérée avec ses occupants canins). Et c'est justement le moment que choisit la NASA pour triompher. Le 19 décembre 1960, la mission MR-1A réussit, tout comme le vol MR-2 du 31 janvier 1961. L'Amérique paraît prête à entreprendre un vol habité suborbital Mercury-Redstone, rassurée par la réussite du vol orbital MA-2 du 21 février. La NASA va-t-elle gagner son pari et battre les Soviétiques sur le fil ? Une mission habitée pourrait effectivement avoir lieu le 24 mars 1961. Mais, sur l'insistance de von Braun, c'est un dernier test sans astronaute à bord qui est réalisé ce jour-là sous le nom de MR-BD. Les États-Unis ont laissé passer leur chance...

Les phases les plus difficiles à supporter dans un voyage spatial sont le lancement et le retour. Pendant le fonctionnement de la fusée porteuse, l'astronaute (américain) ou le cosmonaute (soviétique) est soumis à une forte accélération, et son poids apparent est multiplié par un facteur pouvant dépasser cinq : on dit alors que l'accélération est de «5 g», c'est-à-dire cinq fois celle de la pesanteur terrestre au niveau du sol.

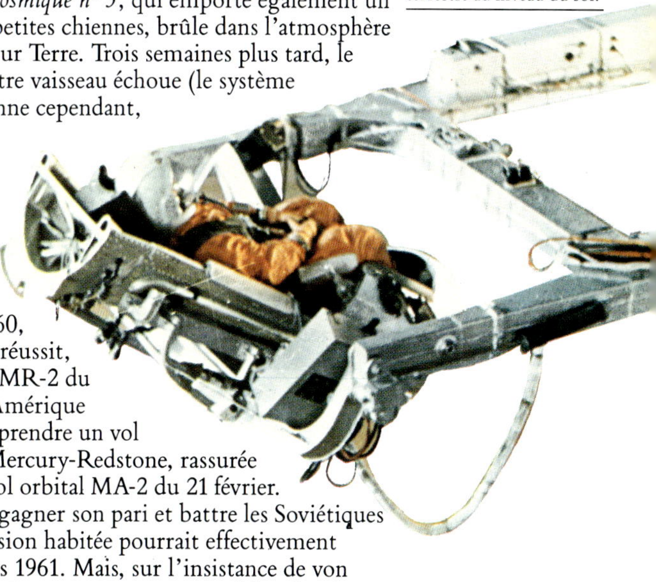

L'apothéose de Gagarine

Sans doute conscient de la pression américaine, Serguei Korolev décide de brûler les étapes au début de l'année 1961, en dépit des deux échecs de décembre 1960. Le 9, puis le 25 mars deux répétitions du futur vol d'un

Au retour la situation est encore pire, puisque la décélération peut dépasser «8 g»... Un homme de 70 kg a alors l'impression de peser plus d'une demi-tonne.

homme dans l'espace sont effectuées coup sur coup : à chaque fois, le succès couronne une mission qui ne comprend qu'un seul tour du globe. Six hommes – les pilotes entraînés pour le premier vol – assistent avec une émotion particulière au départ du cinquième et dernier Vaisseau cosmique, et au retour de sa petite occupante, la chienne Zvesdotchka. Leur émotion est sans doute d'autant plus grande que, deux jours auparavant, l'un de leurs collègues, Valentin Bondarenko, a trouvé la mort au cours d'une séance d'entraînement à la cité des Étoiles : l'aspirant cosmonaute a laissé tomber sur un réchaud un tampon d'ouate imbibé d'alcool, et sa combinaison spatiale a pris feu... Cet accident mortel, qui ne sera révélé qu'en 1986, est le premier de la conquête de l'espace. En dehors des catastrophes qui ont causé plus tard la mort de cosmonautes et d'astronautes lors de vols cosmiques, plusieurs accidents se produiront encore en URSS et aux États-Unis pendant les séances d'entraînement.

Le 8 avril 1961, la commission d'État responsable du vol prend sa décision : le premier homme dans l'espace sera Youri Gagarine, et sa doublure, Gherman Titov. Le 12 avril, Gagarine est prêt à s'envoler pour le cosmos.

Cent huit minutes de vol historique sous haute surveillance

Le lancement intervient à 7 h 7 : la fusée s'élève majestueusement, puis s'incline vers l'est. Successivement, les propulseurs latéraux, puis le cône protecteur se détachent. Gagarine découvre alors par les hublots un large fleuve sibérien, ses îlots et ses rives recouvertes d'arbres. Enfin, c'est la mise en orbite. Le premier cosmonaute découvre l'apesanteur, et s'exclame : « J'observe la Terre, la visibilité est bonne, je vous reçois bien, le vol se poursuit normalement. »

Sur une orbite évoluant entre 181 et 327 km d'altitude, *Vostok-1* emporte Gagarine à près de 8000 m/s. Bientôt, il pénètre dans l'ombre de la Terre. Il en sort à 7 h 51, alors qu'il survole le cap Horn. Le système d'orientation automatique visant le Soleil est alors branché. Tout se déroule d'ailleurs automatiquement dans cette mission, le cosmonaute étant avant tout un passager surveillé médicalement.

A 8 h 25, alors que le vaisseau *Vostok-1* aborde l'Afrique centrale, les rétrofusées s'allument. La cabine se

Ouvrier en fonderie à l'âge de 17 ans, Youri Gagarine poursuit ses études au Technicum industriel de Saratov, tout en obtenant un brevet de pilote à l'aéroclub de cette ville, ce qui lui permet d'entrer à l'école des pilotes militaires Tchkalov, dont il sort en 1957. Sélectionné parmi les 20 candidats au premier vol spatial il a la chance d'être choisi pour cette grande première dans l'espace, en 1961.

Le 12 avril 1961, Youri Gagarine est réveillé à 3 h 30 (heure de Paris) : petit déjeuner «cosmique» (tubes contenant de la purée de viande, de la gelée de cassis, du café) et visite médicale. Il revêt ensuite son scaphandre orange vif, et coiffe son casque blanc étanche. Korolev (ci-dessous, à droite) vient alors, accompagné du général Kamanine, le premier patron de la cité des étoiles, lui prodiguer quelques derniers conseils. Puis, par un magnifique temps printanier, Gagarine, accompagné de Titov, emprunte l'autocar qui le conduit vers la fusée. Un ascenseur l'élève au sommet de la tour de lancement, il s'installe dans son vaisseau, on en ferme la porte. Quelques instants plus tard, il faut le rouvrir car les techniciens ont signalé un blocage du système de fermeture. Mais tout rentre dans l'ordre en quelques minutes. Le premier vol historique peut avoir lieu.

sépare du module de service et, protégée par son bouclier thermique, elle est ralentie par les couches denses de l'atmosphère. Son parachute s'ouvre, elle se pose à 8 h 55 dans un champ labouré près de la ville de Saratov. Le premier vol d'un homme dans le cosmos a duré cent huit minutes...

Gherman Titov, éprouve de sérieux malaises : c'est le mal de l'espace

Le voyage de Youri Gagarine, cette réussite absolue soulève une émotion

considérable dans le monde entier. Il constitue l'apogée du programme spatial soviétique, qui atteint là les limites de la technologie de l'URSS. Bientôt l'espoir va changer de camp. Mais pendant quelques années, le temps que les grands projets américains se mettent vraiment en marche, les vols des vaisseaux Vostok continuent de faire illusion et donnent l'impression du maintien d'une confortable avance soviétique.

Quatre mois après la mission historique de Gagarine, le 6 août 1961, un second Vostok prend la route de l'espace. A son bord se trouve Gherman Titov, premier homme à passer une journée entière (et donc une nuit) dans le cosmos en bouclant 25 tours du globe.

En dépit de son entraînement au sol, Titov souffre du mal de l'espace, qui s'apparente au mal des transports, et intervient pendant les premiers jours d'une mission spatiale. Il ne repartira jamais pour l'espace.

A 26 ans, Valentina Tereshkova, passionnée de parachutisme, devient la première femme à voyager dans le cosmos.

Après «les jumeaux», après «la mouette» du cosmos, comment étonner encore les foules ?

Logiquement, l'étape suivante du programme Vostok doit être un vol de plusieurs jours dans le cosmos. Elle est effectivement franchie en août 1962. Cette fois, Serguei Korolev double la mise : ce sont deux Vostok qui partent pour l'espace à un jour d'intervalle. Le second, *Vostok-4,* occupé par Pavel Popovitch, est placé sur orbite à proximité immédiate du *Vostok-3* d'Adrian Nikolaiev. Les deux engins s'approchent à moins de 6,5 km l'un de l'autre. On parle de rendez-vous orbital. En fait, il n'en est rien : le Vostok étant incapable de manœuvrer sur orbite, les deux vaisseaux, loin de se rapprocher, s'éloignent l'un de l'autre. A la fin de la mission, ils sont distants de 2000 km. En pratique, le vol groupé des *Vostok-3* et *4* n'a pas plus d'intérêt que deux missions indépendantes. Mais l'exercice des «jumeaux du cosmos», comme on appelle alors Nikolaiev et Popovitch, frappe l'opinion internationale.

La mission suivante poursuit cette recherche du spectaculaire, avec pour seule nouveauté la présence d'une femme à bord de *Vostok-6,* Valentina Tereshkova, surnommée la «mouette du cosmos». Lancée en juin 1963, deux jours après le *Vostok-5* de Valery Bykovsky, elle le croise à une distance de 4,5 km. Son retour trois jours plus tard, alors que Bykovsky vient de porter à cinq jours le record de vol cosmique, marque l'achèvement du programme Vostok. Les Soviétiques ont mangé leur pain blanc spatial.

L'Amérique ne veut pas être en reste : il lui faut la Lune

Que font les Américains face à cette ronde des Vostok ? Après le triomphe de Gagarine, leur projet Mercury a perdu beaucoup de son intérêt : il était avant tout destiné à effectuer le premier vol habité dans l'espace. Il est néanmoins poursuivi : en deux ans, de mai 1961 à mai 1963, six astronautes partiront successivement dans l'espace. Cependant, l'Amérique fait encore piètre figure face à l'Union soviétique. Mais elle vient de se donner un objectif d'une extraordinaire ambition : la Lune. La course à l'espace est loin d'être finie.

Le 5 mai 1961, Alan Shepard accomplit la mission suborbitale Mercury MR 3 : à 187 km d'altitude. Deux mois et demi plus tard, Virgil Grissom renouvelle cette expérience. Mais il faut attendre le 20 février 1962 pour assister au premier véritable voyage d'un Américain dans le cosmos : le vol Mercury MA6 de John Glenn, qui effectue trois révolutions autour de la planète en quatre heures et cinquante-cinq minutes. Trois autres missions orbitales sont réalisées par la suite avec successivement aux commandes, Scott Carpenter, Walter Schirra et Gordon Cooper. La dernière, en mai 1963, dure trente-quatre heures et dix-neuf minutes et marque la fin du modeste projet Mercury. Après leur amerrissage, les cabines Mercury sont récupérées par hélicoptère et transportées sur un porte-avions. Un vol, celui de Grissom, sera marqué par un incident : l'astronaute est récupéré, mais la capsule sombre dans l'océan.

Prise de cours par le lancement de *Spoutnik,* l'Amérique a assisté à la réussite des premières expériences lunaires soviétiques ; elle a ensuite été battue dans la course à l'envoi d'un homme dans l'espace. L'opinion publique, les médias, les parlementaires sont d'un avis unanime : les États-Unis doivent réagir avec force pour restaurer leur image de première puissance technologique et militaire du monde. Le jeune président John Fitzgerald Kennedy entreprend de relever le défi.

CHAPITRE IV

LE DÉFI AMÉRICAIN

Le pouce levé en signe de victoire, John Kennedy et John Glenn lancent un défi au monde : l'Amérique sera la plus grande puissance spatiale, des Américains marcheront sur la Lune. Pari tenu avec *Apollo-11*, en 1969.

Devant le Congrès, le 25 mai 1961, John Kennedy prend la parole : « Si nous voulons gagner la bataille entre la liberté et la tyrannie, nous devons nous rendre compte (...) de l'impact de l'aventure [spatiale] sur l'esprit des hommes qui dans le monde cherchent leur voie. »

Notre nation doit s'engager à faire atterrir un homme sur la Lune avant la fin de cette décennie

« Avons-nous une chance de battre les Soviétiques en lançant un laboratoire dans l'espace, avec une mission circumlunaire, en faisant alunir un engin, ou bien en envoyant un homme sur la Lune ? » Cette question, John Kennedy la pose le 19 avril 1961 dans un mémorandum adressé à son vice-président, Lyndon Johnson. La réponse doit lui parvenir « le plus rapidement possible ». Elle arrive le 8 mai, sous la forme d'un rapport rédigé par l'administrateur de la NASA, James Webb et le patron du Pentagone (le ministère de la Défense), Robert McNamara. La conclusion de ce rapport est claire : pour s'imposer dans le cosmos, les États-Unis doivent se fixer un objectif d'une telle ambition que l'Union soviétique ne pourra pas les suivre : il faut envoyer un homme sur la Lune...

Le 10 mai 1961, le président John Kennedy fait siennes les recommandations de James Webb et de Robert McNamara : les Américains iront sur la Lune ! Moins d'un mois s'est écoulé depuis la mission de *Vostok-1* lorsque les États-Unis choisissent de relever de la manière la plus spectaculaire qui soit le défi spatial soviétique.

John Kennedy annonce lui-même sa décision dans un

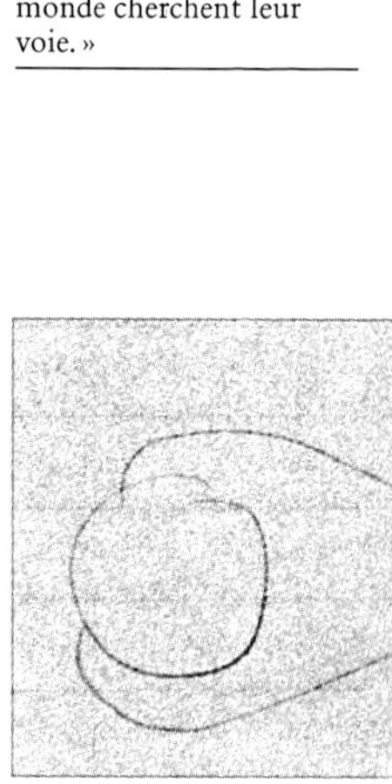

discours prononcé le 25 mai 1961 devant le Congrès. Ses paroles font désormais partie de l'histoire : « Il est temps de s'engager dans une nouvelle grande entreprise américaine, de prendre la tête dans les activités spatiales qui (...) sont les clés de notre avenir sur Terre (...) Notre nation doit s'engager à faire atterrir un homme sur la Lune avant la fin de cette décennie. »

Pari extraordinaire, qui marque le début de la plus fantastique course de tous les temps.

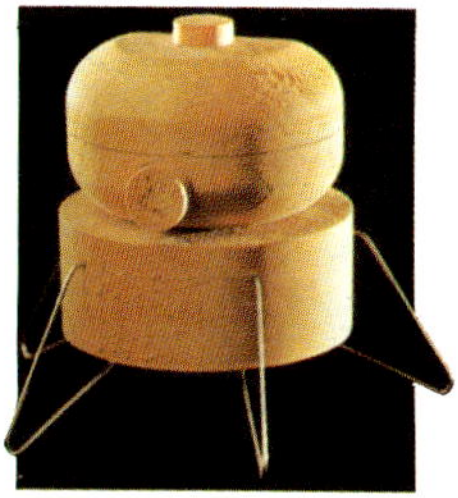

Le module lunaire du vaisseau Apollo est le premier engin conçu uniquement pour voyager dans l'espace, sans jamais revenir sur Terre. Sa mission est d'effectuer une courte excursion entre une orbite autour de la Lune et le sol de l'astre. Les premiers projets comme celui-ci ont été réalisés à partir de 1960. Sur la maquette en bois (ci-dessus), on remarque l'étage de descente avec ses pieds, surmonté de l'étage qui permet de quitter la Lune.

Sur le plan technique, le pas à franchir est gigantesque

Il faut tout d'abord lancer en une seule fois, ou assembler autour de la Terre, à quelques centaines de kilomètres d'altitude, un énorme véhicule, d'une masse supérieure à 120 tonnes, cent fois plus lourd donc qu'une cabine Mercury ! Il faut ensuite que ce véhicule s'arrache à la banlieue de la Terre et se place sur une trajectoire Terre-Lune, en accroissant sa vitesse jusqu'à 11 000 m/s (près de 40 000 km/h)... Après trois jours de voyage, le vaisseau doit freiner sa course, d'abord pour s'insérer sur une orbite d'attente autour de la Lune, puis pour descendre sur sa surface. La Lune étant dépourvue d'atmosphère, ce freinage est extrêmement coûteux et délicat : un moteur-fusée doit réduire la vitesse d'environ 3 000 m/s de manière que le vaisseau s'arrête exactement à l'altitude zéro. La moindre imprécision, et c'est l'écrasement !

Cette étape franchie, il reste à quitter la Lune, ce qui implique encore la création d'une impulsion de 3 000 m/s, puis au bout de trois jours de vol, il faut rentrer dans l'atmosphère terrestre à une vitesse nettement plus grande que celle d'un Vostok ou d'une cabine Mercury : 40 000 km/h contre 28 000 km/h. Faute d'un guidage très précis à ce point du parcours, le vaisseau ne réussira pas à revenir sur Terre, ou alors il se consumera totalement dans l'atmosphère...
Deux sorts qui sont aussi peu enviables l'un que l'autre !

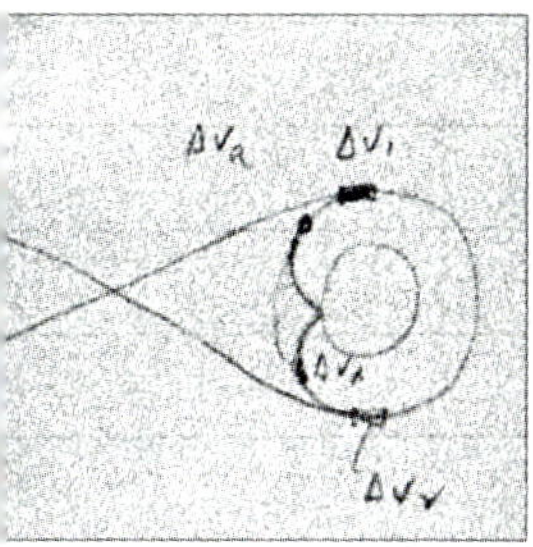

Le plan du voyage, avec rendez-vous en orbite lunaire, proposé par Houbolt (auteur du dessin ci-contre), est adopté en 1962.

Le véhicule lunaire pèse plus de 100 tonnes au départ de son orbite circumterrestre. A l'arrivée, il ne comprend plus qu'une petite cabine de quelques tonnes, qui, si tout s'est bien passé, achève son prodigieux voyage par une tranquille descente en parachute. A chaque étape de la mission, en effet, tous les éléments devenus inutiles (réservoirs, moteurs, etc.), sont largués.

La NASA opte pour le rendez-vous du troisième type : en orbite lunaire, tout simplement

Le canevas du voyage aller-retour Terre-Lune est bien déterminé. Il existe cependant plusieurs manières de réaliser le périple. Une première méthode consiste à lancer en une seule fois un énorme véhicule capable d'aller se poser directement sur la Lune puis de revenir sur Terre. Pour cela, une gigantesque fusée serait nécessaire : la NASA la baptise *Nova*. Celle-ci développerait plus de 6 000 tonnes de poussée au décollage, et pourrait envoyer vers la Lune un vaisseau de 70 tonnes. Un véritable monstre, auquel les Américains renoncent rapidement : il serait difficilement viable.

Une autre méthode fait appel à deux lanceurs, plus petits, propulsant chacun une partie du gros véhicule lunaire toujours destiné à effectuer un voyage direct Terre-Lune-Terre. Le véhicule lunaire et l'étage-fusée destiné à le propulser vers la Lune sont satellisés en premier et rejoints autour de la Terre par un vaisseau-citerne, apportant les propergols nécessaires à l'étage-fusée. Cette solution est très complexe : elle implique le rendez-vous orbital de deux satellites de plusieurs dizaines de tonnes, et un ravitaillement dans l'espace portant sur une énorme quantité de propergols. Les Américains l'abandonnent également.

C'est une troisième procédure qui est finalement adoptée, celle du «rendez-vous en orbite lunaire». Le vaisseau est lancé en une seule fois, mais il comprend deux parties : l'une assure le transport de trois astronautes entre la Terre et une orbite autour de la Lune ; l'autre est destinée à la brève excursion de deux astronautes sur la Lune à partir de l'orbite précédente. Cette séparation des fonctions conduit à un gain de moitié sur le poids total du vaisseau : les propergols nécessaires pour quitter l'orbite lunaire ainsi que la capsule de retour dans l'atmosphère terrestre n'ont pas besoin de transiter inutilement sur la surface lunaire. Un lanceur plus petit que la *Nova* est donc suffisant pour le départ de l'expédition.

Toutefois le recours à cette méthode implique une étape supplémentaire, jugée extrêmement risquée à l'époque : le rendez-vous en orbite entre le vaisseau de retour resté autour de la Lune, et le véhicule d'excursion revenant de la surface. Or, au début des années 1960, lorsque la NASA doit effectuer son choix, ni les Américains, ni les Soviétiques n'ont la moindre expérience de rendez-vous spatial autour de la Terre, à fortiori autour de la Lune !

En dépit de cette incertitude, les États-Unis décident en juin 1962 de tenter de respecter le calendrier fixé par John Kennedy : un alunissage en 1969 au plus tard. Dès lors, le projet «homme sur la Lune», qui a reçu le nom d'Apollo, est établi dans ses grandes lignes. Au départ, une fusée impressionnante sans pour autant atteindre au gigantisme de la *Nova* est dressée sur le pas de tir : la Saturn-5. Elle devra projeter sur la Lune un véhicule de 45 tonnes, le vaisseau Apollo.

Pour la NASA, il n'est pas question de passer directement des modestes vols de la cabine Mercury aux complexes expériences du projet Apollo. Le programme Gemini sera une étape intermédiaire en grande partie destinée à entraîner les astronautes américains à des vols de la durée d'un périple Terre-Lune, à la conduite

La Saturn-5, haute de 111 m, d'une masse de 2770 t, développe 3400 t de poussée au décollage. Elle sert de lanceur à Apollo, vaisseau de 45 t formé de trois compartiments : un module de commande (CM), capsule conique de 6 t où trois astronautes prennent place ; un module de service (SM), cylindre de 23 t accroché derrière le CM, qui comprend tous les systèmes nécessaires pour leur voyage autour de la Lune. L'ensemble des modules de commande et de service (CSM) constitue le vaisseau circumlunaire. Ses deux parties restent solidaires jusqu'à ce que le CM prenne son autonomie pour rentrer dans l'atmosphère terrestre. Le troisième compartiment est le module lunaire (LM) de 15 t, destiné à l'excursion sur la Lune. Pendant le trajet Terre-orbite lunaire, le LM est fixé à l'avant du CM.

En attendant *Saturn-5,* la *Saturn-1B,* plus petite, est utilisée pour des vols d'essai (ci-dessous).

de rendez-vous spatiaux, ainsi qu'à des sorties hors de leur vaisseau.

La compétition redouble et les Soviétiques prennent des risques

Avec le programme Gemini, la NASA va pouvoir entreprendre des expériences beaucoup plus ambitieuses que celles réalisées par les Soviétiques avec leurs Vostok. Cela ne passe pas inaperçu en URSS et Serguei Korolev, sans doute poussé par Nikita Khrouchtchev, s'interroge : comment maintenir, au moins en apparence, l'avance soviétique ? En fait, les Soviétiques ont en préparation une réponse tout à fait sérieuse au programme Gemini : le projet Soyouz. Il s'agit de développer un vaisseau spatial bi ou tri-place, capable d'effectuer des manœuvres orbitales. Les premières études de ce vaisseau, qui connaîtra plus tard une longue et magnifique carrière, ont commencé en 1962. Malheureusement, elles n'aboutiront pas avant 1966 ou 1967, bien après les débuts du programme Gemini.

Que faire dans ces conditions ? Korolev propose une solution : transformer rapidement le Vostok en cabine multiplace, baptisée *Voskhod,* d'où des cosmonautes pourront sortir dans l'espace. Deux nouvelles grandes premières que les Soviétiques pourront «souffler» aux Américains. Le problème est que cette transformation ne peut se faire qu'aux dépens de la sécurité de l'équipage : le siège éjectable doit en effet être supprimé ! En cas d'échec du lanceur, les cosmonautes périront... En fait, dans toute l'histoire spatiale, le Voskhod sera le seul vaisseau impuissant à sauver l'équipage en cas d'accident pendant la phase de lancement. Ceci du moins jusqu'à l'avènement de la navette spatiale, qui n'offre pas de solution de secours pendant les deux premières minutes de sa mission. On sait à quelle catastrophe ce choix a conduit les États-Unis.

Leonov s'élance dans le vide et vogue dans l'espace

Les Soviétiques auront plus de chance que les Américains, mais il est vrai qu'ils ne réaliseront que deux missions de Voskhod. La première se déroule en octobre 1964 : le pilote Vladimir Komarov, l'ingénieur Constantin Feoktistov, et le médecin Boris Egorov passent une journée dans le cosmos à bord de *Voskhod-1.* A leur départ, ils sont salués par Nikita Krouchtchev. A leur retour, ils sont accueillis par Leonid Brejnev... Ainsi va l'histoire : le grand

La cabine Gemini avec sa forme conique et son nez cylindrique ressemble en apparence à Mercury. En fait, elle n'est plus un simple habitacle voguant sur une trajectoire balistique immuable, mais un véritable vaisseau de l'espace de 3,2 t disposant de tout un ensemble de propulseurs et de moyens de contrôle et de calcul lui permettant de changer d'orbite, de rejoindre une cible et de s'y amarrer. La cabine, pilotée par deux astronautes a une autonomie de deux semaines. Elle est lancée par un nouveau missile intercontinental, le Titan-2.

responsable politique des premières années cosmiques soviétiques disparaît de la scène alors que l'URSS va se faire irrémédiablement doubler par les USA. Et, aux États-Unis, l'homme qui a mis en route la fabuleuse machine spatiale américaine, John Kennedy, ne pourra savourer son triomphe : il a été assassiné en novembre 1963.

Au début de 1965, les Soviétiques ont cependant encore une carte à jouer : la première sortie dans l'espace. Le 18 mars à 6 heures, le vaisseau *Voskhod-2* quitte la Terre, occupé par le commandant de bord Pavel Beliaiev et le copilote Alexis Leonov. Un sas télescopique a été aménagé à l'extérieur de la cabine, et Leonov a revêtu un scaphandre spécial. Aussitôt après la mise en orbite, Beliaiev aide Leonov à endosser son système de survie autonome et à se glisser dans le sas dont il referme la porte intérieure. Leonov vérifie une dernière fois ses équipements. A 7 h 28 mn 13 s (heure de Paris), il déverrouille la porte extérieure. Quelques minutes plus tard, au moment où *Voskhod-2* survole la mer Noire, il s'élance dans le vide : pour la première fois, un homme flotte librement au-dessus de sa planète, relié à son vaisseau par un simple cordon ombilical !

Mais l'opération de retour s'avère extrêmement difficile et épuisante. Les Soviétiques découvrent que l'activité humaine hors d'un engin spatial est très fatigante, et doit être soigneusement préparée, avant d'être conduite lentement, en faisant appel à des attaches et à des outils spéciaux.

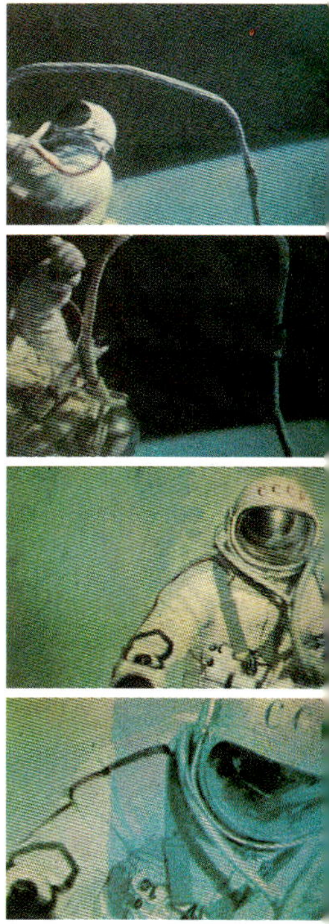

Au cours de ses dix minutes de sortie dans l'espace, Leonov est émerveillé : par la visière de son casque, protégée par un filtre en or, il admire les immenses fleuves russes : la Volga, l'Oural, l'Ob, l'Ienissei.

Un moment débordés par ces succès soviétiques, les Américains réagissent avec génie

Lorsque Beliaiev et Leonov atterrissent le 19 mars 1965 à 8 h 2, après un retour quelque peu mouvementé (le système d'orientation automatique est tombé en panne), le prestige spatial de l'URSS est au plus haut. Le monde entier acclame l'exploit de Leonov et attend de nouvelles grandes premières soviétiques. A quand le prochain vol de Voskhod ? se demande-t-on. Mais l'engin, qui n'était jamais qu'un Vostok modifié, a fait son temps. Il faudra attendre plus de deux ans pour qu'un cosmonaute reprenne la route du cosmos, et l'expérience sera alors un désastre. La route de l'espace est désormais libre pour les Américains...

La première cabine Gemini pilotée, baptisée *Gemini-3*

(il y a eu auparavant deux missions inhabitées), est lancée le 23 mars 1965, quatre jours après le retour de *Voskhod-2.* La passation des pouvoirs est rapide... A bord, deux astronautes : Virgil Grissom et John Young qui commence ainsi une extraordinaire carrière de plus de vingt ans (il accomplira six vols spatiaux, ira sur la Lune et pilotera la première navette !). L'expérience *Gemini-3* n'est encore qu'une mise en train : trois petits tours de la Terre accomplis en 4 h et 52 mn. Mais ensuite les événements se précipitent. En juin, *Gemini-4* : James MacDivitt séjourne quatre jours dans le cosmos en compagnie d'Edward White, qui devient le premier piéton de l'espace américain. En août, *Gemini-5* : Gordon Cooper et Peter Conrad battent le record soviétique de durée d'un vol spatial en restant huit jours en orbite.

Quatre cosmonautes se donnent rendez-vous dans les étoiles

Les Américains sont alors prêts à franchir l'étape décisive du premier rendez-vous spatial. Cet exploit sera effectué par les pilotes de *Gemini-6,* Walter Schirra et Thomas Stafford, qui doivent rejoindre en orbite un satellite-cible,

La fusée *Titan-2* portant la cabine *Gemini-5* est dressée verticalement sur sa plate-forme de lancement. Le 21 août 1965, c'est le tir : elle s'élève dans l'espace. L'effet de la photo ci-dessus est obtenu par superposition d'une série de clichés successifs.

en l'occurrence un étage-fusée Agena lancé quelque temps avant eux et spécialement équipé pour que le nez de la cabine Gemini puisse s'y emboîter. Las ! Le 15 octobre, la fusée *Atlas* qui porte cette cible échoue dans sa mission de lancement. Que faire ? La NASA modifie ses plans de manière spectaculaire : c'est le vaisseau *Gemini-7* de Frank Borman et James Lovell, prévu pour un vol record de quatorze jours à la fin de l'année, qui servira de cible à *Gemini-6* ! L'expérience perd en intérêt technique : un amarrage étant impossible, les deux cabines se contenteront de s'approcher à quelques mètres l'une de l'autre. Mais elle retient bien davantage l'attention, car ce sont quatre hommes qui, le 15 décembre 1965, vont se rejoindre dans le cosmos !

Les succès s'enchaînent, les heures de vol s'accumulent. Pourtant il reste bien des victoires à remporter

En moins de neuf mois, les États-Unis ont éclipsé toutes les réalisations soviétiques. Et les succès du programme Gemini vont s'enchaîner. Cinq autres vols ont lieu en 1966. Le premier, celui de *Gemini-8,* au mois de mars, est

Gemini-7 tourne depuis 11 jours autour de la Terre. Le 15 décembre 1965, à 14 h 17 (heure de Paris), *Gemini-6* quitte cap Canaveral et modifie progressivement sa trajectoire pour rejoindre *Gemini-7* sur son orbite. James Lovell raconte : « Il fait nuit, mais le jour est proche. Notre vaisseau a le nez dirigé vers la Terre, et nous apercevons en dessous de nous, émergeant de l'obscurité, un petit point brillant. C'est *Gemini-6 :* le Soleil levant n'éclaire pas encore le sol, mais ses rayons se réfléchissent déjà sur la cabine. Bientôt, celle-ci nous apparaît comme une demi-lune, et à 1 km de distance, nous apercevons le gaz des moteurs. Enfin, *Gemini-6* s'arrête juste devant nous. C'est fantastique ! »

marqué à la fois par une brillante réalisation technique, l'amarrage de la cabine à un véhicule Agena, et par un incident sérieux, le blocage d'un moteur de stabilisation, qui met l'ensemble Agena-Gemini en rotation très rapide et oblige les astronautes à revenir en catastrophe sur Terre. En dépit de quelques ennuis mineurs, les quatre missions suivantes sont de grands succès, et mettent à leur actif de nombreux rendez-vous suivis d'amarrages ainsi que des longues sorties d'astronautes.

Lorsque le vol *Gemini-12* s'achève en novembre 1966, le bilan du programme est impressionnant : dix expériences en vingt mois, 2000 heures de vol orbital... L'Union soviétique paraît distancée, et les États-Unis bien partis pour remporter la course à la Lune. Mais le chemin à parcourir est encore long. Les drames, les surprises, les retournements de situation ne vont pas manquer.

Neil Armstrong et David Scott viennent d'amerrir à 1000 km au sud du Japon : c'est la fin de la mission *Gemini-8,* le 16 mars 1966. Pour amortir le choc du retour, les Américains ont choisi de faire amerrir toutes leurs cabines, alors que les Soviétiques, pour des raisons géographiques, les font revenir sur la terre ferme, réduisant le choc du contact avec le sol en mettant à feu de petites rétrofusées à quelques mètres d'altitude.

Pendant ce temps, pour préparer le débarquement sur la Lune, des robots jouent les éclaireurs

Dès le 24 août 1961, trois mois seulement après le discours de Kennedy annonçant le programme Apollo, les Américains lancent une première sonde automatique, *Ranger-1,* destinée à photographier de près la surface lunaire. Cet engin doit transmettre des images pendant sa chute vers la Lune et ce, jusqu'aux ultimes moments précédant son écrasement. En outre, il larguera une petite capsule équipée d'une fusée de freinage qui tentera de se poser assez rudement sur le sol lunaire. Ce programme se révèle cependant trop ambitieux pour une petite sonde de 360 kg, et *Ranger-1* échoue dans sa mission. Les cinq sondes suivantes vont rencontrer les mêmes difficultés.

Pour remédier à ce désastre qui augure mal de la conquête lunaire et obtenir enfin les photographies rapprochées de la Lune indispensables au projet Apollo, la NASA décide de modifier le programme Ranger : la capsule d'alunissage est supprimée, et le nombre de caméras augmenté. Enfin, le 30 juillet 1964, *Ranger-7* transmet 4308 excellents clichés de la mer des Nuées, dont certains montrent des détails décimétriques. La Lune se révèle criblée de cratères de toutes tailles. Le programme

En septembre 1966, *Gemini-11* rejoint sur orbite une cible Agena. L'astronaute Richard Gordon sort de la cabine pour amarrer les deux engins avec un câble de Dacron de 30 m de long (à gauche).

Ranger connaît ensuite les succès de *Ranger-8* en février 1965 et de *Ranger-9* en mars de la même année.

Luna-9 se pose en douceur sur l'océan des Tempêtes : le système de freinage est au point

Voir la Lune de tout près n'est pas suffisant. Il faut arriver sur le sol même de l'astre pour déterminer sa résistance et sa composition. Mais il s'agit là d'une tâche très difficile. La Lune étant dépourvue d'atmosphère, l'usage de parachutes y est impossible. Le seul moyen de s'y poser en douceur est d'utiliser des fusées de freinage – des «rétrofusées» – pour annuler exactement la vitesse du véhicule au moment où celui-ci atteint la surface, ce qui demande à la fois puissance et précision.

L'alunissage en douceur est un défi technique d'une importance majeure. Les Soviétiques s'y attaquent les premiers en 1965 avec une nouvelle génération de sondes lunaires de 1,5 tonne lancées par une version améliorée de la fusée *R*-7. Ils rencontrent d'énormes difficultés : quatre échecs entre mai et décembre 1965 ! Le succès arrive enfin avec *Luna-9* qui alunit en douceur le 3 février 1966 dans l'océan des Tempêtes. Pour la première fois, les Terriens découvrent un panorama de la Lune vu depuis le sol de celle-ci. Ils constatent alors que la surface lunaire, bien qu'accidentée et criblée de traces d'impacts de météorites, peut recevoir des visiteurs venus de notre planète.

Lunar Orbiter promène sa caméra au-dessus de la surface lunaire : avec les photos, on dressera l'atlas de la Lune

Le succès de *Luna-9* est un triomphe posthume pour Serguei Korolev, décédé quelques semaines plus tôt, le

Luna-10 le premier satellite lunaire soviétique se contente d'effectuer quelques mesures physiques. *Lunar Orbiter-1* son concurrent américain entreprend en revanche une campagne systématique de photographie de la surface lunaire afin de fournir les informations nécessaires à la sélection des sites d'arrivée des futures missions Apollo.

14 janvier 1966, des suites d'une intervention chirurgicale. Toutefois, l'avance soviétique est faible. Il suffit de quatre mois aux Américains pour poser à leur tour, le 1er juin 1966, leur premier engin sur le sol lunaire. Succès acquis dès la première tentative ! En outre, *Surveyor-1,* plus sophistiqué, transmet de meilleures images que *Luna-9.*

Malgré tout, les Soviétiques sont parvenus entre-temps à mettre à leur actif une autre grande première lunaire : la mise sur orbite d'un satellite artificiel autour de la Lune. Cette performance, beaucoup moins difficile que l'alunissage, est accomplie le 3 avril 1966 par *Luna-10 ;* elle est renouvelée très vite par les États-Unis : le 13 août, *Lunar Orbiter-1* effectue ses premières révolutions autour de la Lune.

Entre 1966 et 1968, les Américains déposent en douceur sur la Lune cinq sondes Surveyor mais connaissent deux échecs avec *Surveyor-2* et *4.* Des analyses chimiques du sol révèlent que celui-ci est constitué de roches siliceuses comparables à celles du manteau continental de la Terre. Les Soviétiques de leur côté font alunir un second engin, *Luna-13,* en décembre 1966, et placent sur orbite lunaire trois autres satellites artificiels, toujours beaucoup moins évolués que les Lunar Orbiter américains.

Le bilan de toutes ces expériences est considérable, le monde lunaire est désormais beaucoup mieux connu, l'homme peut succéder au robot.

Apollo est au départ, pour le premier vol autour de la Terre. Soudain c'est le drame : trois morts

Pendant que les astronautes s'exercent aux futures manœuvres des voyages lunaires à bord de leurs cabines Gemini, et que les Surveyor et autres Lunar Orbiter

Des timbres soviétiques commémorent l'exploit accompli par la sonde *Luna-9,* le 3 février 1966. Après un voyage Terre-Lune de 80 h, l'engin a atteint l'océan des Tempêtes (à gauche) où il a déposé en douceur un petit laboratoire dont la coque protectrice s'est ouverte en quatre pétales (ci-dessus) et qui a transmis le premier panorama du sol lunaire (à droite). La sonde transportait des emblèmes que l'on peut voir sur le deuxième timbre à gauche.

défrichent le chemin de la Lune, les préparatifs du fantastique programme Apollo vont bon train aux États-Unis. A cap Canaveral, au centre spatial Kennedy, un fantastique «port lunaire» est en construction. Il comprend le plus grand bâtiment du monde : le VAB (*Vertical Assembly Building*), haut de 160 m, où quatre fusées géantes Saturn-5 pourront être assemblées simultanément.

Il dispose aussi d'un incroyable véhicule à chenilles, le *Crawler* (littéralement : le rampeur), avec un plateau grand comme un demi-terrain de football, capable de transporter du VAB jusqu'au pas de tir une Saturn-5 entière montée sur sa plate-forme de lancement. Un équipage de plus de 5 000 t : avec le projet Apollo, les limites du gigantisme sont vraiment repoussées !

L'insigne de la victoire est devenu celui du drame. Le 27 janvier 1967, l'équipage d'*Apollo-1* brûle dans sa cabine.

La construction des fusées Saturn va également de l'avant. Le 26 février 1966, le premier modèle de la Saturn-1B, c'est-à-dire de la fusée destinée à tester autour de la Terre les éléments du vaisseau Apollo, est lancé avec succès. Cette expérience permet également de répéter la rentrée dans l'atmosphère à grande vitesse d'une cabine Apollo. Tout se passe bien. Il ne reste plus qu'à passer à l'étape suivante : le premier vol habité d'une cabine Apollo autour de la Terre.

Cette mission est prévue pour le début de 1967. Mais soudain, c'est le drame : le 27 janvier 1967, un incendie se déclare à bord de la cabine Apollo installée à cap Canaveral au sommet de sa fusée porteuse Saturn-1B. Les trois astronautes qui effectuent l'un de leurs ultimes entraînements, Virgil Grissom, Edward White et Roger Chaffee sont piégés dans la petite capsule. Ils périssent en quelques secondes... La merveilleuse aventure spatiale, ponctuée de succès impressionnants, bascule soudain dans l'horreur. Que s'est-il passé ?

La cause exacte de l'incendie reste inconnue, mais sa violence s'explique : au contact de l'oxygène pur composant l'atmosphère, de nombreux matériaux de la cabine sont devenus fortement combustibles. L'intérieur de la capsule est une véritable bombe incendiaire. Il faudra dix-huit mois et 500 millions de dollars pour remédier à ce problème – sans renoncer à l'atmosphère d'oxygène pur, indispensable compte tenu de la légèreté de la cabine – et corriger toutes les insuffisances révélées par la commission d'enquête.

Les ambitions soviétiques rattrapent le rêve de Kennedy

Le drame d'*Apollo-1* fait objectivement l'affaire des Soviétiques, qui, après les succès des Vostok et des Voskhod, ont pris beaucoup de retard dans la préparation de leur nouveau vaisseau habité : le Soyouz (la disparition prématurée de Korolev n'y est peut-être pas étrangère).

Les vols de Soyouz autour de la Terre et de la Lune devraient permettre de mettre au point les techniques (vols spatiaux prolongés, rendez-vous, amarrages, etc.) nécessaires à un programme plus ambitieux : l'envoi d'hommes sur la Lune après 1970. L'objectif est plus tardif que celui fixé par Kennedy. Mais qui sait ? Si les Américains prennent du retard, l'URSS sera peut-être la première sur la Lune. Tel est semble-t-il l'espoir des Soviétiques, dont les projets spatiaux sont toujours tenus secrets.

Le Soyouz, que l'on voit ci-dessous avec sa fusée R-7, est intermédiaire entre Gemini et Apollo. Comme la Gemini, il est assez léger (6 500 kg), et peut être lancé par une fusée existante. Deux hommes en scaphandre, dans une cabine exiguë, peuvent séjourner quelques semaines autour de la Terre, et effectuer des manœuvres de rendez-vous. Mais dans une version allégée (5 t), le *Zond,* il peut être lancé vers la Lune comme un vaisseau Apollo, la survoler et revenir se poser sur la Terre.

La course aux étoiles se transforme soudain en série meurtrière

La première manifestation du programme Soyouz est le lancement, le 28 novembre 1966, d'un satellite appelé *Cosmos-133,* un prototype inhabité qui reste deux jours dans l'espace. L'expérience est reprise en février 1967 avec *Cosmos-140.* Les Soviétiques passent alors à l'expérience décisive : le premier vol habité. Le 23 avril 1967, *Soyouz-1* est placé en orbite autour de la Terre. Vladimir Komarov est au poste de pilotage : c'est son second vol spatial. Il ne lui portera pas chance. Après une journée passée dans le cosmos, la cabine de *Soyouz-1* reprend le chemin de la Terre, mais au lieu d'atterrir en douceur, s'écrase au sol, son parachute en torche...

Qu'est-il arrivé ? Officiellement, la mission s'est parfaitement déroulée jusqu'à sa phase finale, et seul un incident malheureux a empêché le déploiement normal du parachute. Mais les Américains, qui ont enregistré les communications entre *Soyouz-1* et la Terre, proposent une autre version, bien plus dramatique : Komarov aurait rencontré rapidement de très graves problèmes avec la stabilisation de son vaisseau. Sa situation serait devenue à ce point critique que, avant de tenter désespérément de ramener sa cabine au sol, il aurait échangé quelques paroles d'adieu avec sa femme, son fils et le chef du gouvernement soviétique, Alekseï Kossyguine...

La conquête du cosmos, commencée dans l'allégresse, se révèle une entreprise difficile et douloureuse. Mais pouvait-il en être autrement, compte tenu de la difficulté technique des vols spatiaux ?

Avec Saturn-5, l'optimisme reprend le dessus

Les catastrophes d'*Apollo-1* et de *Soyouz-1* retardent les programmes, mais ne les remettent pas en cause. Le 9 novembre 1967, la NASA lance sa fusée géante Saturn-5. A lanceur exceptionnel, procédure d'essai exceptionnelle : les trois étages de la fusée sont testés ensemble dès le premier tir, qui sert en outre à envoyer une cabine Apollo à 18 000 km d'altitude... La NASA a décidé de brûler les étapes ; la Saturn-5 est d'emblée utilisée pour une mission spatiale importante : Apollo-4. Pari gagné : Saturn-5 place près de la Terre une charge utile record,

Après l'accident de Komarov, les Soviétiques reprennent la route de l'espace. Illuminant la nuit de Baïkonour, une fusée lance-Soyouz est au départ.

Les Soviétiques lancent avec succès leur Soyouz lunaire, le *Zond,* autour de la Lune, mais sans homme à bord. Dépassés par les Américains, ils renoncent au projet.

Mal rasé... mais heureux, Walter Schirra dirige avec succès la mission Apollo-7, en octobre 1968. Elle se prolonge 11 jours autour de la Terre, et dissipe le spectre de la catastrophe d'*Apollo-1*. Après les vols dans la minuscule cabine Gemini, les astronautes apprécient le confort d'Apollo. «Enfin, nous avons un appartement, au lieu d'un petit coin où poser les fesses», déclare Cunninghan.

126 t et le vaisseau Apollo rentre dans l'atmosphère à 40000 km/h. L'Amérique a franchi un grand pas vers la Lune.

Avec *Apollo-7*, les hommes se rapprochent de la Lune

Début 1968, la NASA effectue une autre expérience préliminaire, la mission Apollo-5, premier essai autour de la Terre d'un module lunaire lancé par une Saturn-1B. En avril 1968, vient un second essai, un peu moins réussi, de la Saturn-5.

Les Soviétiques de leur côté reprennent les tests de leur vaisseau Soyouz en configuration automatique. En octobre 1967, deux Soyouz inhabités, *Cosmos-186* et *Cosmos-188,* mettent à leur actif une belle nouveauté technique, le premier rendez-vous orbital automatique. Cette expérience est répétée en avril 1968 avec les *Cosmos-212* et *213,* puis un ultime essai d'un prototype de Soyouz baptisé *Cosmos-238* est effectué en août.

Au début de l'automne 1968, les États-Unis et l'Union soviétique sont prêts à reprendre leurs vols habités. A la mi-octobre, le vaisseau *Apollo*-7 accomplit un vol parfait de onze jours autour de la Terre. Les Soviétiques

C'est à un pilote chevronné, Georgi Beregovoï (47 ans à l'époque), que les Soviétiques confient en octobre 1968 la reprise des vols habités de Soyouz, 18 mois après le drame de *Soyouz-1.* Beregovoï dirige aujourd'hui la Cité des Étoiles où s'entraînent les cosmonautes.

suivent quelques jours plus tard : le 26 octobre Georgi Beregovoï s'élance à bord de *Soyouz-3* pour rejoindre sur orbite un *Soyouz-2* inhabité, satellisé auparavant. Sa mission ne sera qu'un demi-succès car les deux vaisseaux ne pourront s'amarrer, mais elle rassurera pleinement le pays sur la sécurité du Soyouz.

Des objets terrestres reviennent de la banlieue lunaire

Les succès d'*Apollo*-7 et de *Soyouz-3* sont importants. Mais lorsque les équipages de ces vaisseaux reviennent de l'espace fin octobre, la grande affaire n'est plus la réalisation de vols spatiaux autour de la Terre. Le problème est de savoir qui de l'URSS ou des États-Unis enverra le

Immédiatement après leur mise en orbite, le 11 octobre 1968, les astronautes d'*Apollo*-7 photographient le dernier étage de leur fusée porteuse Saturn-1B surmonté du carénage ouvert en quatre pétales dans lequel trouvera place plus tard le module lunaire.

Cap Kennedy, 21 décembre 1968 : pour la première fois, des hommes, Anders, Lovell et Borman, s'élancent vers la Lune (à droite).

premier des hommes autour de la Lune. Les Soviétiques viennent en effet d'accomplir un pas décisif dans cette voie : le 14 septembre 1968, ils ont lancé un prototype de leur Soyouz lunaire, *Zond-5,* qui a effectué un survol à 2 000 km de la Lune, avant de revenir se poser avec succès dans l'océan Indien. Pour la première fois, un objet terrestre est revenu de la banlieue lunaire. Un autre succès suit, avec *Zond-6,* le 17 novembre. Le doute n'est plus permis : les Soviétiques sont prêts à envoyer un cosmonaute (sans doute Pavel Beliaiev) autour de la Lune. Et une opportunité s'offre à eux de procéder à cette expérience le 7 décembre 1968...

Mais les Américains n'ont pas attendu le retour de *Zond-6* pour prendre une décision d'une audace inouïe : le 11 novembre 1968, un nouvel administrateur de la NASA, Thomas Paine, annonce que la mission Apollo-8, prévue pour décembre, ne sera pas un vol expérimental autour de la Terre, mais une mission habitée autour de la Lune ! Le pari est fantastique.

C'est vraiment là que se situe le tournant dans la course à la Lune. Si l'Amérique ne fait pas d'Apollo-8 une mission circumlunaire, elle est sûre que l'Union soviétique la devancera au cours des mois suivants, et récoltera l'essentiel des lauriers de la conquête lunaire. A quoi cela servirait-il, dès lors, d'envoyer plus tard des hommes sur la Lune ? Mais si la mission Apollo-8 échoue, c'est tout le programme Apollo qui est compromis.

En fait, l'Amérique joue là son avenir spatial à quitte ou double. Et elle va gagner...

Trois hommes fêtent Noël à une centaine de kilomètres de la Lune

Pour une raison que l'on ignore, les Soviétiques laissent passer leur dernière occasion de battre les Américains ; le 7 décembre, aucun Soyouz lunaire ne s'élance de Baïkonour. La route est désormais libre pour les États-Unis. Le 21 décembre à 16 h 51 (heure de Paris), les trois astronautes d'*Apollo-8,* Frank Borman, James Lovell et William Anders, quittent la Terre au sommet d'une monstrueuse Saturn-5. Deux jours et demi plus tard, leur vaisseau approche de la Lune et passe derrière elle.

Apollo-8 ne se contente pas de survoler la Lune. Il est placé en orbite autour de l'astre, et c'est à 112 km au-dessus de la surface lunaire que les trois hommes passent la nuit de Noël 1968... Ils repartent vers la Terre le lendemain matin et se posent sans problème dans le Pacifique le 27 décembre.

Lorsqu'ils sont partis, Borman, Lovell et Anders jouaient leur vie et celle du programme Apollo. Lorsqu'ils reviennent de la région lunaire, ils ont virtuellement fait gagner à l'Amérique le pari de John Kennedy. Le triomphe d'*Apollo-8* marque la défaite de l'Union soviétique dans la course à la Lune. Après une réalisation aussi brillante, il ne servirait à rien d'envoyer un seul cosmonaute dans un petit Soyouz effectuer un bref survol de la Lune. Le programme Zond habité est donc abandonné. Les préparatifs d'une mission plus ambitieuse mais plus lointaine, l'alunissage de cosmonautes, sont en revanche poursuivis, au cas où la NASA ne parviendrait pas à atteindre cet objectif.

21 juillet 1969 : Neil Armstrong foule la surface de la Lune. L'humanité fait un bond en avant

Après le succès d'*Apollo-8,* deux expériences seulement sont nécessaires à la NASA pour parfaire la préparation du matériel Apollo en vue de la première tentative d'alunissage. La mission *Apollo-9* se déroule en mars 1969 : James MacDivitt, David Scott et Russel Schweickart testent le vaisseau Apollo complet, avec son module lunaire, autour de la Terre. Deux mois plus tard, au cours du vol *Apollo-10,* Thomas Stafford, Eugene Cernan et John Young répètent autour de la Lune les manœuvres préparant l'alunissage ; leur module lunaire s'approche à 15 km seulement de sa surface. Désormais tout est prêt.

Phrase historique entre toutes : « Ici la base de la Tranquillité. L'Aigle s'est posé... » Neil Armstrong vient de faire alunir le LM, le module lunaire (nom de code *Eagle,* l'aigle, comme l'emblème des États-Unis) dans la mer de la Tranquillité. Une plaque est fixée à un pied de l'étage d'atterrissage du module. On peut y lire, pour l'éternité : « Ici, des hommes de la planète Terre ont posé pour la première fois le pied sur la Lune. Juillet 1969. Nous sommes venus en paix au nom de toute l'humanité. »

Le grand voyage commence le 16 juillet 1969 à 14 h 32 (heure de Paris). Le vaisseau *Apollo-11,* qui pèse 44 t, est piloté par Neil Armstrong, Edwin Aldrin et Michael Collins. Le 19 juillet à 18 h 21, il se satellise autour de la Lune. Le lendemain, Armstrong et Aldrin prennent place dans le module lunaire, qui se sépare à 18 h 47 du reste du vaisseau Apollo où se trouve encore Collins. La descente sur la Lune commence le 20 juillet à 21 h 5 et, à 21 h 17, l'alunissage dans la mer de la Tranquillité est parfait. L'écoutille du module lunaire est ouverte le 21 juillet à 3 h 38. Et, à 3 h 56 mn 20 s, Neil Armstrong marche sur la Lune ! «C'est un petit pas pour un homme, mais un pas gigantesque pour l'humanité !», s'exclame-t-il.

Armstrong est ensuite rejoint par Aldrin et les deux hommes travaillent pendant un peu plus de deux heures, ramassant 21 kg d'échantillons, et déployant divers instruments. La suite du voyage est sans problème : après avoir quitté la surface lunaire, ils rejoignent Collins en

Trois hommes constituent l'équipage d'*Apollo-11.* Neil Armstrong, 38 ans (à gauche), Edwin Aldrin, 39 ans (à droite), vont descendre sur la Lune, tandis que Michael Collins, 38 ans (au centre) restera en orbite autour de la Lune.

orbite, repassent dans le vaisseau Apollo, abandonnent le module lunaire désormais inutile et s'élancent vers la Terre où ils amerrissent le 24 juillet à 17 h 50. Le plus extraordinaire périple de l'histoire humaine est achevé.

On continue l'exploration, on collecte des fragments de l'astre, on est vraiment sur la Lune

Le vol triomphal d'*Apollo-11* marque l'apothéose du programme Apollo, mais n'en constitue pas la fin. Dès novembre 1969, la mission *Apollo-12* a pour but un alunissage dans l'océan des Tempêtes. Elle est caractérisée par un exploit dans le domaine de la navigation spatiale : après 579 365 km de voyage, Charles Conrad et Alan Bean se posent à 183 mètres seulement de la sonde *Surveyor-3,* dont ils doivent prélever des éléments !

A partir de la mission *Apollo-15,* les astronautes américains disposent d'une sorte de jeep, le *Lunar Rover,* pour explorer la surface de la Lune. Ce véhicule de 200 kg peut transporter 500 kg de charge utile, se déplacer à 17 km/h et parcourir 92 km. Pour les astronautes qui auparavant se déplaçaient à pied, c'est un progrès considérable.

Le vol suivant est en revanche un échec spectaculaire. Partis le 11 avril 1970 à bord de la cabine *Apollo-13,* James Lovell, John Swigert et Fred Haise ressentent brutalement, le 13 avril, alors qu'ils se trouvent à 329 000 km de la Terre, une violente secousse : un réservoir d'oxygène vient d'exploser dans le module de service de leur vaisseau, en grande partie détruit. La mission lunaire est abandonnée ; le problème est de ramener les astronautes en vie sur Terre dans leur véhicule gravement endommagé. Il est résolu de justesse en utilisant les réserves d'air et les propulseurs du module lunaire. Au bout de quatre jours d'angoisse, la cabine *Apollo-13* amerrit sans dommage dans le Pacifique...

Après cet épisode au dénouement presque miraculeux, la NASA reprend la route de la Lune en février 1971, avec la mission *Apollo-14,* qui a pour objectif la région du cratère Fra-Mauro.

Alan Shepard et Edgar Mitchell disposent pour la première fois d'une petite brouette pour transporter roches et matériels. L'équipage d'*Apollo-15,* David Scott et James Irwin, utilise en juillet 1971, au pied des monts Apennins, un moyen de transport encore bien plus performant : le *Lunar Rover,* véritable jeep lunaire de 200 kg. *Apollo-16,* en avril 1972, permet l'exploration de la région du cratère Descartes par John Young et Charles Duke.

Apollo-17, la dernière mission du programme, en décembre 1972, est celle de tous les records. Cernan et Schmitt parcourent au total 35 km sur la surface lunaire, au pied d'une montagne de 2 130 m d'altitude. Ils travaillent 22 h et 4 mn hors de leur module lunaire et collectent 113 kg d'échantillons de sol, parmi lesquels d'étonnantes sphérules de couleur orange témoignant d'une activité volcanique.

C'est l'adieu à la Lune. Eugene Cernan, le commandant de la mission *Apollo-17,* salue la bannière étoilée qu'il a plantée sur la surface lunaire. Les Américains abandonnent pour des décennies l'astre qu'ils ont si brillamment conquis.

Le dernier alunissage : *Apollo-17* en décembre 1972

Le dernier vol de la série, *Apollo-17,* est marqué par la présence du premier astronaute scientifique, le géologue Harrison Schmitt, qui débarque dans les environs de la vallée de Taurus-Littrow aux côtés de son commandant Eugene Cernan.

Lorsque les deux astronautes quittent la surface lunaire le 14 décembre à 17 h 54 (heure de Paris), ils savent qu'aucun autre humain ne foulera le sol sélène avant des décennies. La partie lunaire de l'extraordinaire programme Apollo est terminée. Au total, ce projet a coûté 24 milliards de dollars, et il a permis de ramener sur Terre 385 kg d'échantillons de sol. Mais il a surtout ouvert à l'humanité la route des planètes, le chemin des étoiles.

On a marché sur la Lune !

Edwin Aldrin, le pilote du module lunaire d'*Apollo-11*, le deuxième homme à poser le pied sur le sol de la Lune, foule maladroitement la surface poussiéreuse de la mer de la Tranquillité (à droite). Sur la visière dorée de son casque se reflète le module lunaire et Neil Armstrong qui prend la photographie. Les deux astronautes portent un lourd scaphandre (19 kg) composé de trois vêtements superposés : un justaucorps parcouru par de petits canaux où circule un liquide de refroidissement (il faut évacuer les calories dégagées par les astronautes au travail) ; une sorte de combinaison de plongée en caoutchouc qui assure l'étanchéité du scaphandre et maintient l'astronaute dans une atmosphère d'oxygène pur sous pression réduite ; et une espèce de cote de mailles en matériau composite dont les 13 couches protègent l'astronaute de l'environnement lunaire. Les réserves d'oxygène, le système de contrôle de la température et les émetteurs-récepteurs se trouvent dans une sorte de gros sac à dos que l'on voit sur la photo de gauche où Aldrin descend les dernières marches du module lunaire.

UNITED
STATES

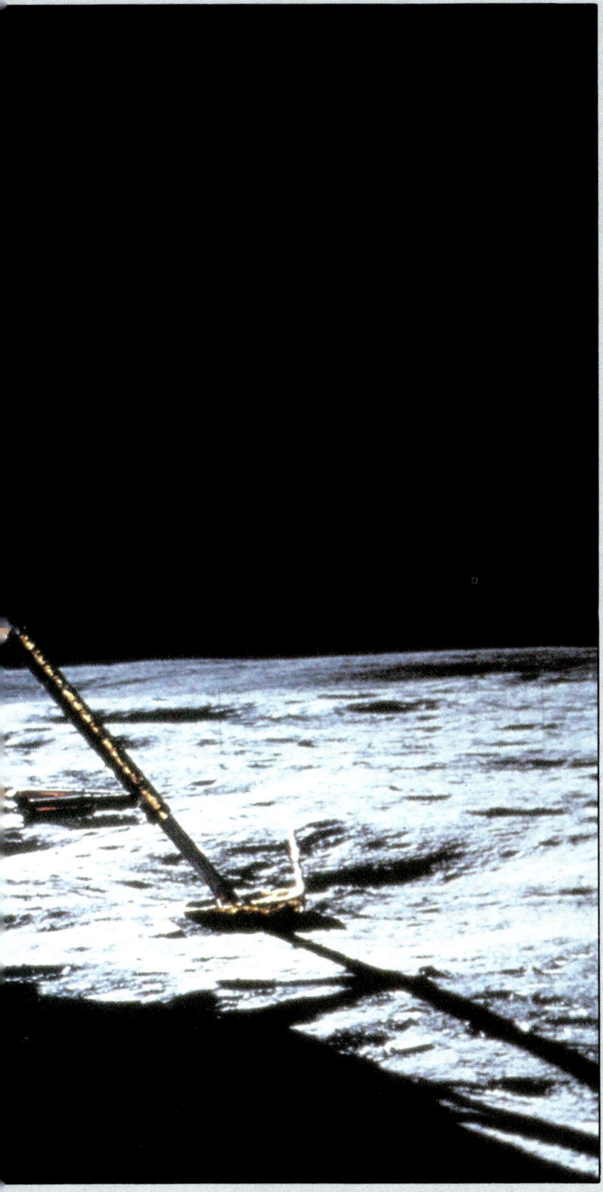

Le module lunaire.

Le module lunaire *Intrepid* du vaisseau *Apollo-12* s'est posé le 17 novembre 1969 dans l'océan des Tempêtes avec à son bord les astronautes Charles Conrad et Alan Bean.
Extraordinaire véhicule conçu spécifiquement pour accomplir un aller-retour depuis une orbite à quelque 100 km d'altitude autour de la Lune, il pèse 16 t au début de sa mission, mesure 7 m de haut et 9,5 m de large à sa base.
Il comprend deux parties : un «étage de descente» qui freine la course du véhicule et assure son arrivée en douceur sur le sol lunaire et un «étage de montée» qui permet aux astronautes de quitter la Lune et de rejoindre en orbite le reste du vaisseau Apollo. L'étage de descente sert de plate-forme de lancement pour l'étage de montée. Les deux astronautes ne sont pas assis sur des sièges à l'intérieur de la cabine mais suspendus par des sangles afin d'économiser un poids précieux. Le module lunaire peut normalement fonctionner 67 h sur la Lune.

Un géologue sur la Lune.

Harrison Schmitt, à la recherche d'échantillons de sol révélateur du passé lunaire, a arrêté sa jeep au pied d'un énorme rocher. Schmitt est pilote du module lunaire *Challenger* du vaisseau *Apollo-17,* qui s'est posé le 11 décembre 1972 en bordure de la mer de la Sérénité, entre les monts Taurus et le cratère Littrow.
Harrison Schmitt et son commandant de bord Eugene Cernan ne se contentent pas d'explorer la surface lunaire et de collecter des échantillons de sol. Comme leurs prédécesseurs sur la Lune, ils installent près de leur module lunaire une série d'instruments, alimentés par un petit générateur nucléaire, qui fourniront pendant des années des données sur l'environnement et l'activité interne de la Lune. Cet ensemble d'appareils est appelé ALSEP *(Automatic Lunar Surface Experiment Package).* La mission lunaire *Apollo-17* est la dernière du programme. Lorsqu'il quitte la Lune, Eugene Cernan s'exclame : «Si Dieu le veut, nous reviendrons en paix, porteurs des espoirs de l'humanité.»

HUGHES

En 1972, une grande question se pose aux États-Unis : que faire dans le cosmos après l'achèvement du triomphal programme Apollo ? Conquérir Mars ? C'est la grande idée de Wernher von Braun, mais le budget de la NASA, en forte réduction, ne permet pas d'envisager un projet aussi grandiose. Les ingénieurs américains se tournent alors vers un autre objectif : la mise au point d'un véhicule destiné à de nombreux allers-retours entre la Terre et le proche cosmos : une navette spatiale.

CHAPITRE V

NAVETTE ET ARIANE : LE PARTAGE DU MARCHÉ DE L'ESPACE

La navette accueille des hommes ; Ariane lance des robots. Les deux lanceurs sont complémentaires.

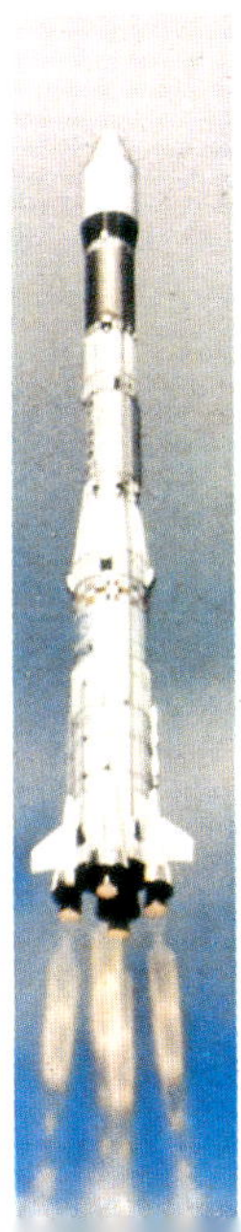

Aux yeux de la NASA, les fusées utilisées jusqu'alors ont un défaut majeur : elles ne servent qu'une fois : au bout de quelques minutes de fonctionnement, leurs moteurs puissants et sophistiqués, leurs coûteux systèmes de guidage et leurs structures extralégères ne sont plus que ferrailles inutilisables. Ce caractère «consommable» des lanceurs classiques explique le coût extrêmement élevé du transport spatial : chaque kilogramme satellisé près de la Terre revient environ à 40 000 F ! Pour transporter plus facilement et moins cher hommes et satellites dans le cosmos, les spécialistes américains rêvent de construire un engin miraculeux, un véhicule entièrement réutilisable qui voyagerait entre la Terre et l'espace – plus précisément entre un cosmodrome et des orbites «basses» ne dépassant pas quelques centaines de kilomètres d'altitude.

Le «bombardier antipodal», proposé en 1943 par Eugene Sänger, est l'ancêtre des avions spatiaux : 25 m de long, 100 t au départ, il aurait décollé horizontalement, pour atteindre 22 000 km/h et une altitude de 250 km. Il aurait fait le tour du globe en larguant en route une bombe de 6t.

Cette navette, d'utilisation beaucoup moins coûteuse, lancerait tous les satellites, toutes les sondes spatiales et remplacerait définitivement les fusées conventionnelles incapables de résister à la concurrence d'un lanceur réutilisable. L'objectif de la NASA est même très ambitieux à cet égard puisqu'il s'agit de diminuer par dix le prix du transport spatial...

Le 6 janvier 1972, le président Richard Nixon approuve les plans de la NASA et annonce officiellement la construction d'une navette spatiale.

Eugene Sänger (1905-1964) travaillait en Allemagne sur la propulsion par fusée, indépendamment de l'équipe de von Braun. Après la Seconde Guerre mondiale, il poursuivra en Europe ses études des avions spatiaux.

L'utilisation d'un ou deux avions-fusées permet de concevoir un lanceur réutilisable

Mais comment est-il possible de concevoir un lanceur spatial réutilisable ? Un ingénieur allemand de génie, Eugene Sänger, avait déjà imaginé une solution, pendant la Seconde Guerre mondiale : l'avion-fusée, qui se rend dans l'espace comme une fusée et revient ensuite se poser sur un aéroport comme un avion. L'objectif de Sänger était de réaliser un «bombardier antipodal» capable de larguer des bombes à des milliers de kilomètres et de revenir à sa base en bouclant un tour de la Terre. Inaccessible avec les technologies de l'époque, il l'est encore en 1972 lorsque la NASA conçoit sa navette spatiale. L'avion-fusée complet avec ses moteurs, ses réservoirs, sa cabine, sa soute, sa charge utile et sa structure (en particulier ses ailes) pèse trop lourd à sec (sans ses propergols) pour pouvoir atteindre la vitesse de satellisation.

Que faire dans ces conditions ? Utiliser non pas un... mais deux avions-fusées ! Le premier emporte le second sur son dos jusqu'à une altitude de 40 km environ et lui communique une vitesse de l'ordre de 1,5 km/s (5 400 km/h) ; il retourne alors à sa base de départ pendant que le deuxième avion-fusée se rend dans l'espace avant de revenir à son tour sur Terre.

A l'origine, la navette spatiale de la NASA doit donc être un double avion-fusée, réutilisable à 100%. Cette solution permet d'espérer des lancements à la fois peu coûteux et simples dans la mesure où les opérations sur le cosmodrome s'apparentent à la mise en œuvre d'un avion sur un aéroport.

En 1969, dans l'euphorie des succès Apollo, la NASA se proposait de réaliser un programme d'une ambition extrême, comprenant l'établissement d'une base lunaire, l'installation d'une station orbitale abritant 50 à 100 astronautes et l'envoi d'expéditions pilotées vers les planètes. Le président Nixon (ci-dessous avec James Fletcher, administrateur de la NASA) s'oppose à ce plan et n'autorise que le développement d'une navette destinée à réduire le coût du transport spatial.

Une navette au rabais : attention danger !

Malheureusement, si une telle navette est d'utilisation économique, sa construction est coûteuse. Les ingénieurs sont donc renvoyés à leur planche à dessin avec mission de concevoir une navette qui ne revienne pas à plus de 5,5 milliards de dollars (valeur 1972)... presque une misère.

Dès lors, la NASA s'engage sur la voie fatale qui la conduira en 1986 à la perte dramatique d'une navette et des sept membres de son équipage. Elle renonce à son objectif principal, la réutilisabilité totale de la navette et fait de celle-ci un étrange hybride entre la fusée conventionnelle et l'avion-fusée, qui n'aura ni l'économie de la première, ni la sûreté du second...

Pour réaliser sa navette au rabais, la NASA commence par remplacer le premier avion-fusée par deux énormes propulseurs auxiliaires à propergols solides. Chacun de ces *boosters* contient 500 t de poudre et développe 1000 t de poussée au décollage. Certes, la technologie de ce type de propulseur est bien maîtrisée aux États-Unis, mais elle présente un inconvénient majeur car, une fois mis en marche, un booster à poudre ne peut être arrêté, et doit fonctionner jusqu'à épuisement de son combustible (ce qui demande 120 s sur la navette). Autrement dit, si un accident survient pendant les deux premières minutes du vol, rien ne peut empêcher la catastrophe ! La NASA estime – à tort, elle le constatera plus tard à ses dépens avec la catastrophe de *Challenger* en janvier 1986 – que ce risque est négligeable.

Les boosters à poudre sont en principe réutilisables. A l'issue de leur fonctionnement, ils retombent dans l'Atlantique, sont récupérés et remis en état. Mais ces coûteuses opérations ne peuvent être renouvelées qu'une vingtaine de fois.

Le recours à cette technique ne constitue pas encore une mesure d'économie suffisante pour respecter l'objectif de prix fixé par le président Nixon.
La NASA doit sacrifier encore davantage le caractère réutilisable de la navette : les propergols ne sont pas placés dans l'avion-fusée lui-même, mais dans un monstrueux réservoir extérieur, qui est détruit à chaque vol. Ce réservoir de près de 9 mètres de diamètre et de 50 de longueur contient 600 t d'oxygène liquide et 100 d'hydrogène liquide...

Neuf ans seront nécessaires à la NASA pour résoudre toutes les difficultés techniques et mener à bien le programme navette qu'elle s'est fixé. Finalement, le 12 avril 1981, vingt ans jour pour jour après le voyage historique de Gagarine, le premier avion-fusée spatial, baptisé *Columbia*, est prêt au départ.

Véhicule impressionnant de la taille d'un DC-9, l'avion spatial mesure 37 m de long, son aile delta faisant 24 m d'envergure, et sa masse en charge dans l'espace pouvant atteindre 113 t ! Sa cabine, située à l'avant, reçoit 10 à 12 astronautes, pour des missions de 12 jours. Dans la soute de 18 m de long pour 4,5 m de diamètre, on peut placer des charges de 30 t. Un vrai cargo du cosmos ! Les trois propulseurs principaux, à l'arrière du véhicule, sont les plus performants jamais construits : une vitesse d'éjection de 4 550 m/s et 207 t de poussée dans le vide. Au départ, l'avion-fusée est fixé sur le dos du réservoir extérieur, lui-même flanqué des boosters à poudre, qui apparaissent comme deux gigantesques colonnes sur lesquelles repose tout l'édifice.

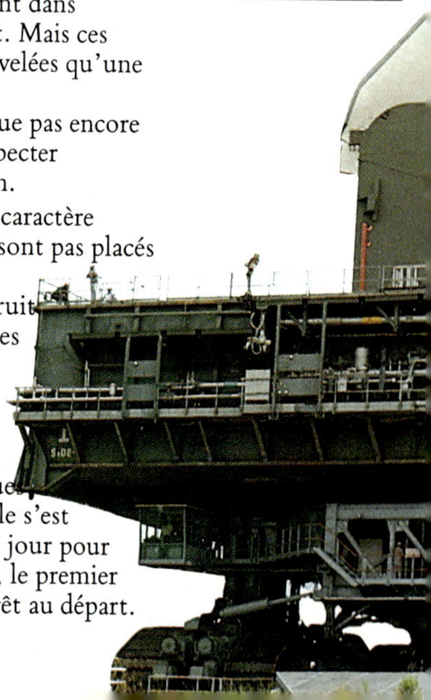

A son bord se trouvent deux astronautes très bien entraînés : John Young et Robert Crippen – il est en effet impossible d'expérimenter la navette sans équipage.

Le triomphe de *Columbia* ouvre de nouvelles perspectives de transport dans l'espace

Le départ a lieu à 13 heures (heure de Paris). Plus d'un million de spectateurs massés autour du Centre spatial Kennedy, ainsi que des centaines de millions de téléspectateurs dans le monde entier, assistent à la majestueuse ascension de *Columbia*, illuminée par les deux gigantesques panaches de feu qui s'échappent des boosters à poudre dans le crépitement assourdissant des moteurs-fusées. Deux minutes et onze secondes

Comment protéger la navette pendant son fantastique retour plané à travers l'atmosphère, qui commence à 100 km d'altitude, et 28 000 km/h, et doit s'achever 30 mn plus tard, après 8000 km de trajet, exactement sur la piste prévue, à 385 km/h seulement ? Pour résister à l'échauffement provoqué par le frottement de l'air, la surface doit être couverte d'un revêtement isolant ; le nez, le ventre et le dessous des ailes, plus particulièrement exposés, sont revêtus d'une couverture spéciale en fibres de silice, sorte de mosaïque de 3 450 briques ajustées autour de la navette. Au total, celle-ci porte 7 200 kg de protection thermique d'où son surnom de «brique volante».

plus tard, les boosters, mission accomplie, se détachent. Et après huit minutes trente-huit secondes de vol, à 116 km d'altitude, les propulseurs principaux s'arrêtent : *Columbia* vogue librement dans le cosmos, et se sépare bientôt de son réservoir extérieur devenu inutile.

Sa mission orbitale dure un peu plus de deux jours. Le 14 avril à 18 h, l'avion-fusée freine légèrement sa course pour se placer sur une trajectoire pénétrant dans la haute atmosphère au-dessus du Pacifique. A la verticale de la côte américaine, il se trouve encore à 45 600 m d'altitude, et vole à 8 200 km/h.

« Quelle manière fantastique d'arriver en Californie ! » s'exclame Robert Crippen. A 19 h 22 mn, *Columbia* se pose sur la longue piste d'un lac salé sur la base d'Edwards ; le point de contact avec le sol se trouve à 854 m seulement de celui qui était visé, au terme d'un parcours de 1 733 450 km depuis cap Canaveral !

La première mission de *Columbia* est saluée sur toute la planète comme un extraordinaire succès technologique, qui confirme, douze ans après la victoire dans la course à la

Le premier équipage de la navette : John Young, vétéran de l'espace dont c'est le cinquième vol, et Robert Crippen, qui accomplit, lui, son premier vol.

Lune, la suprématie américaine. Elle semble ouvrir une ère nouvelle pour le transport dans l'espace des hommes comme des satellites automatiques : le temps des petites cabines du type Apollo ou Soyouz, que les Soviétiques continuent d'utiliser, et celui des fusées conventionnelles (auxquelles s'intéressent toujours l'URSS, l'Europe, la Chine et le Japon) paraît soudain révolu.

Au centre spatial Kennedy, en Floride, sur le cap Canaveral, les installations de lancement des fusées Saturn ont été transformées pour servir à la navette. Celle-ci est transportée sur un énorme véhicule à chenilles depuis le hall d'assemblage jusqu'aux plates-formes de tir du célèbre Pad-39 (visible dans le lointain) d'où *Apollo-11* s'élança vers la Lune.
Une énorme piste de 4500 m de long sur 90 m de large permet à la navette de revenir éventuellement, directement à son point de départ.

La navette a ses limites : elle ne peut atteindre l'orbite géostationnaire

Pendant près de cinq ans, les navettes donnent au monde un extraordinaire spectacle de maîtrise technique. En novembre 1981, *Columbia* devient le premier engin spatial à retourner dans le cosmos. En juin 1982, elle accomplit son quatrième vol ; elle est déclarée opérationnelle. En novembre 1982, elle effectue sa première mission commerciale, emportant deux satellites de télécommunications, le *SBS-3* américain et le *Anik C3* canadien.

Cependant, la navette n'est pas capable de placer un satellite automatique sur n'importe quelle trajectoire autour de la Terre. Elle ne peut en effet s'élever à plus de quelques centaines de kilomètres. Comment peut-elle, dans ces conditions, lancer des satellites commerciaux, qui doivent presque tous être envoyés à 36 000 km d'altitude au-dessus de l'équateur sur une orbite circulaire particulière, appelée «géostationnaire» (car un satellite y paraît immobile aux observateurs terrestres) ?

La réponse est simple : la navette emporte dans sa soute un ou plusieurs ensembles comprenant le satellite et une petite fusée conventionnelle destinée à le propulser. A 200 ou 300 km d'altitude, cet ensemble est largué dans l'espace, la petite fusée est mise à feu, et le satellite est placé sur une trajectoire montant à 36 000 km au-dessus de l'équateur (cette trajectoire est appelée « orbite de transfert vers l'orbite

L'agence spatiale européenne (ASE) créée en 1975, développe parallèlement deux projets : la construction d'un laboratoire scientifique pouvant être installé dans la soute de la navette américaine, le *Spacelab,* financé en majorité par l'Allemagne fédérale, et la construction de la fusée Ariane (à droite), financée principalement par la France. C'est le cente national d'études spatiales (CNES), formé en 1962, qui dirige le programme Ariane.

Le 4 juillet 1982, en présence du président Reagan, l'avion spatial *Columbia* achève son quatrième vol, en se posant sur la base d'Edwards, en Californie. Après cette mission, la navette est déclarée opérationnelle.

géostationnaire »). Parvenu à cette altitude, le satellite utilise un autre petit moteur fusée pour circulariser sa trajectoire et s'ancrer sur l'orbite géostationnaire.

Avec la navette, le lancement de satellites géostationnaires est une opération complexe, qui est réussie avec *SBS-3* et *Anik 3C*. *Columbia* va-t-elle sonner le glas des fusées conventionnelles qui lançaient jusqu'alors tous les satellites automatiques ? La NASA le pense, et décide d'abandonner progressivement ses lanceurs Thor-Delta et Atlas-Centaur.

Dans une boucle de la Seine, l'Europe met au point sa fusée Ariane

A la fin de 1982, la navette donne ainsi l'impression de gagner la bataille du transport spatial. Mais il n'en est rien. Aux Mureaux, près de Paris, les Européens assemblent en effet une fusée tout à fait conventionnelle, Ariane, avec laquelle ils vont concurrencer la navette. Comment en est-on venu là ?

Les États-Unis ont commis une grave erreur : au début des années 1970, ils ont posé des conditions inacceptables au lancement de deux satellites franco-allemands de télécommunications, les Symphonie. Les Européens ont alors admis la thèse française suivant laquelle le Vieux Continent devait acquérir son autonomie spatiale et disposer de ses propres lanceurs. Certes, dans ce domaine, l'expérience européenne était désastreuse : le programme Europa, qui visait justement à réaliser un lanceur puissant, était un échec patent. Seule la France, avec ses petites fusées Diamant, était parvenue à lancer ses propres satellites scientifiques à partir de 1965. Mais les Français, justement, proposent à leurs partenaires d'arrêter le projet Europa et de construire une nouvelle fusée, Ariane avec un objectif précis : lancer des satellites automatiques vers l'orbite géostationnaire.

Le premier lancement d'Ariane intervient le 24 décembre 1979. C'est un succès ! Joli cadeau de Noël pour les Européens... Le second, en mai 1980, est un échec, mais il n'y a là rien d'inquiétant : le rôle des vols expérimentaux n'est-il pas de mettre en évidence les problèmes techniques ? Des modifications sont apportées aux moteurs Viking du premier étage, responsables de l'accident, et un nouvel essai est effectué le 19 juin 1981, deux mois après le voyage inaugural de *Columbia*. Cette

Ariane : poids 210 t, hauteur 47 m. Mais le marché oblige très vite à faire évoluer la fusée, aboutissant à *Ariane-4* (250 t au départ, 560 t de poussée), véritable lanceur à la carte qui peut expédier vers l'orbite géostationnaire une charge utile comprise entre 2 et 4,2 t selon les propulseurs utilisés comme appoint au 1er étage. Les fusées Ariane sont lancées depuis la base de Kourou, en Guyane française. Située pratiquement sur l'Équateur, elle est beaucoup mieux adaptée ques les bases américaines ou soviétiques au lancement de satellites vers l'orbite géostationnaire.

fois, c'est un succès : un satellite indien, *Apple*, et un satellite météorologique européen, *Météosat,* sont placés précisément sur l'orbite de transfert vers l'orbite géostationnaire.

Le tir suivant, en décembre 1981, est une nouvelle réussite. Ariane est déclarée bonne pour le service opérationnel après quatre vols expérimentaux. Las ! Le lancement suivant, appelé V-5, échoue en septembre 1982 : le troisième étage s'est éteint prématurément. Neuf mois de travail et tout rentre dans l'ordre : le vol V-6 en juin 1983 conduit à la mise en orbite géostationnaire du satellite de télécommunications européen *ECS-1*.

Entre navette et fusée se joue une concurrence sévère

Au printemps 1983, la navette et Ariane sont donc toutes deux vraiment opérationnelles. Mais peut-on comparer une fusée conventionnelle qui ne pèse que 200 t au départ et peut placer quelques tonnes de charge utile autour de la Terre, à un véhicule qui tient à la fois de la fusée, de l'avion et du vaisseau spatial, et peut emporter dans le cosmos jusqu'à dix astronautes et 30 t de matériel ? Pour ce qui est des vols habités, certainement pas. Mais pour ce qui est des lancements de satellites commerciaux, sans aucun doute : un client désirant placer un satellite en orbite géostationnaire pourra tout aussi bien faire appel à Ariane qu'à la navette.

Quels sont les atouts des deux concurrents ? La navette est en principe plus fiable : elle emporte en effet des hommes dans l'espace. Elle permet en outre de lancer des satellites de grande taille, grâce à sa vaste soute. Ariane pour sa part est plus simple d'utilisation : elle injecte directement les satellites en direction de l'orbite géostationnaire. Aucun de ces avantages n'est cependant déterminant. Reste l'argument du prix. Pour la rendre attractive, la NASA doit subventionner fortement la navette : elle demande moins de 80 millions de dollars pour une soute complète de navette alors qu'un tir lui revient à 250 millions de dollars ! Arianespace, la société créée en Europe pour commercialiser Ariane, s'aligne évidemment sur cette offre : elle lance un satellite géostationnaire de 500 kg pour environ 30 millions de dollars.

Arianespace et la NASA offrent ainsi des conditions assez similaires. Il n'est donc pas étonnant que jusqu'à la fin de 1985 ces deux concurrents se partagent assez équitablement le marché du lancement spatial commercial : un tiers pour Ariane et deux tiers pour la NASA. Parallèlement, les capacités de transport d'Arianespace et de la NASA augmentent. Ariane grossit : après la version *Ariane-1,* capable d'envoyer 1 700 kg vers l'orbite géostationnaire, voici en 1984 *Ariane-2* (2 100 kg) et *Ariane-3* (2 400 kg), cependant qu'est développée la version *Ariane-4* (4 200 kg dans son arrangement le plus puissant !). Quant à la flotte de navette, elle s'enrichit : au premier avion spatial *Columbia* viennent s'ajouter *Challenger, Discovery* et *Atlantis.*

Qui se doute, le 28 janvier 1986, que la navette *Challenger* s'élance pour son dernier voyage ? Elle transporte dans sa soute un très important satellite de la NASA, *TDRS,* destiné à relayer vers la Terre les émissions des engins spatiaux américains.

Le drame de *Challenger*, en janvier 1986, révèle de graves défaillances

A la fin de l'année 1985, la navette a effectué vingt-quatre missions et Ariane quinze vols (dont le dernier, le tir V-15, a malheureusement été un nouvel échec en septembre 1985). La concurrence commerciale entre les deux lanceurs paraît devoir se poursuivre pendant une décennie au moins. Et c'est alors qu'un coup de tonnerre se produit : le 28 janvier 1986, la navette *Challenger* se désintègre 73 s après son décollage de cap Canaveral... Sept astronautes, dont deux femmes, trouvent la mort dans cette catastrophe.

Que s'est-il passé ? Une commission d'enquête mise en place par le président Reagan accable la NASA: en voulant faire partir ses avions-fusées en temps et heure, elle a négligé la sécurité et voulu faire trop vite de la navette un système de transport vraiment commercial. Conséquence de cette attitude : la NASA a négligé de nombreux avertissements quant aux insuffisances techniques du véhicule : les boosters à poudre sont dangereux ; leurs joints de liaison sont mal conçus... Le 28 janvier, l'un de ces joints a cédé. La paroi extérieure du booster droit a été percée. Un jet de flamme a attaqué comme un chalumeau le point d'attache du booster au réservoir extérieur, provoquant le choc de ces deux éléments. D'énormes quantités d'oxygène et d'hydrogène liquides se sont échappées provoquant une gigantesque explosion qui a soufflé *Challenger*, dont les morceaux se sont éparpillés sur des milliers de km²...

Challenger n'est plus. Le 28 janvier 1986, son destin s'inscrit comme un gigantesque Y dans le ciel de Floride. La longue barre décrit la montée normale de la navette qui s'est élevée à 16 500 m à 3 180 km/h. Elle s'interrompt à l'instant de la catastrophe, et les deux branches supérieures du Y matérialisent le trajet erratique des deux boosters poursuivant leur course sans but.

L'accident de la navette américaine va coûter deux ans de retard aux États-Unis

Plus de deux ans seront nécessaires pour modifier les boosters à poudre et corriger toutes les imperfections dangereuses du véhicule. La navette sera-t-elle alors, enfin, un engin vraiment sûr ? Seule l'expérience l'apprendra aux Américains. Mais il y aura toujours ces deux terribles premières minutes de vol, pendant lesquelles le fonctionnement des boosters interdit toute solution de secours. L'ombre de Challenger planera sur toutes les missions futures !

Le rêve de la NASA, remplacer toutes les fusées conventionnelles par un véhicule de transport universel,

Les Soviétiques auront sans doute un jour une navette, mais, en attendant, ils restent fidèles aux fusées classiques. La plus puissante de leur arsenal est la Proton (à droite), qui satellise 20 t.

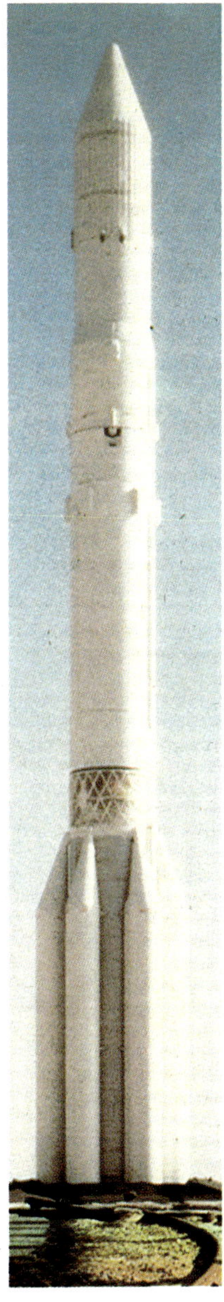

est abandonné. Il a déjà mis les États-Unis dans une situation impossible : deux ans d'interruption de lancement de la navette, à l'heure où la production des lanceurs conventionnels est interrompue dans le pays, cela représente des dizaines de satellites civils et militaires, américains et étrangers qui ne peuvent être placés en orbite.

Il faudra des années pour résorber ce retard, d'autant plus que la NASA ne dispose plus (au moins jusqu'en 1990) que de trois avions-fusées ; les considérations de sécurité, désormais prioritaires, ralentiront en outre le rythme des vols. Les prévisions très optimistes de la NASA pendant les années 1970 – quelque cinquante missions par an – sont bien oubliées. Au mieux, il y aura de quinze à vingt vols chaque année.

En attendant le lanceur miracle, les fusées prennent leur revanche

Les fusées conventionnelles, dénigrées par la NASA jusqu'en 1985, reprennent la vedette. Les clients commerciaux se tournent vers *Ariane,* qui pourrait saisir plus de la moitié du marché du lancement spatial commercial. Les militaires américains commandent de nouveaux lanceurs classiques Titan. Des sociétés privées américaines se proposent de fabriquer et de commercialiser des fusées conventionnelles, qui pourraient d'ailleurs être simplement de nouvelles versions des anciennes Thor-Delta, Atlas-Centaur et autres Titan, afin de concurrencer Arianespace. Les Chinois sont prêts à vendre les services de leur lanceur *Longue Marche-3,* comparable à *Ariane-1* et testé avec succès en 1984 et 1986. Les Soviétiques souhaitent commercialiser leur grosse fusée *Proton.* Les Japonais montrent le bout du nez avec leurs lanceurs *H-1* (lancé en août 1986) et *H-2*, prévu pour 1992.

Est-ce à dire que la navette est condamnée ? Certainement pas. Elle est irremplaçable pour accomplir certaines mission particulières : lancer des satellites très lourds et volumineux (militaires en particulier), récupérer des charges utiles dans l'espace et les ramener sur Terre, desservir un jour une grande station spatiale. Si l'on n'en croit certaines informations américaines, les Soviétiques construiraient d'ailleurs un véhicule tout à fait comparable pour transporter leurs cosmonautes et desservir leurs futures bases cosmiques.

50

Les États-Unis disposent d'un système de transport révolutionnaire : la navette spatiale. Les Soviétiques, qui ont renoncé à la Lune avant même de l'avoir atteinte, adoptent un programme différent : installer autour de la Terre des stations spatiales habitées en permanence. Les deux superpuissances empruntent donc des chemins distincts, mais leur objectif à long terme est le même : occuper l'espace proche de la Terre, avant de repartir vers la Lune et les planètes.

CHAPITRE VI

LA RONDE DE SKYLAB ET DES SALIOUT

Après l'aventure lunaire, le labeur des stations spatiales : Owen Garriot inspecte le *Skylab* américain (à gauche) et le Français Jean-Loup Chrétien travaille dans le *Saliout-7* soviétique (à droite).

De Tsiolkovsky à Saliout, la longue histoire de la station orbitale soviétique

L'idée d'installer en permanence une station habitée autour de la Terre, proposée par Constantin Tsiolkovsky au début du siècle, a été reprise ensuite par la plupart des grands précurseurs de la conquête de l'espace, de Hermann Oberth à Wernher von Braun. Dans l'esprit de ces pionniers, une station spatiale est avant tout un camp de base sur la route des astres du système solaire : un énorme vaisseau lunaire ou interplanétaire ne peut en effet être lancé, entier, depuis la Terre ; il est donc nécessaire de l'assembler sur une orbite proche de notre planète ; la station spatiale est à la fois l'atelier et l'habitat des techniciens chargés de cet assemblage.

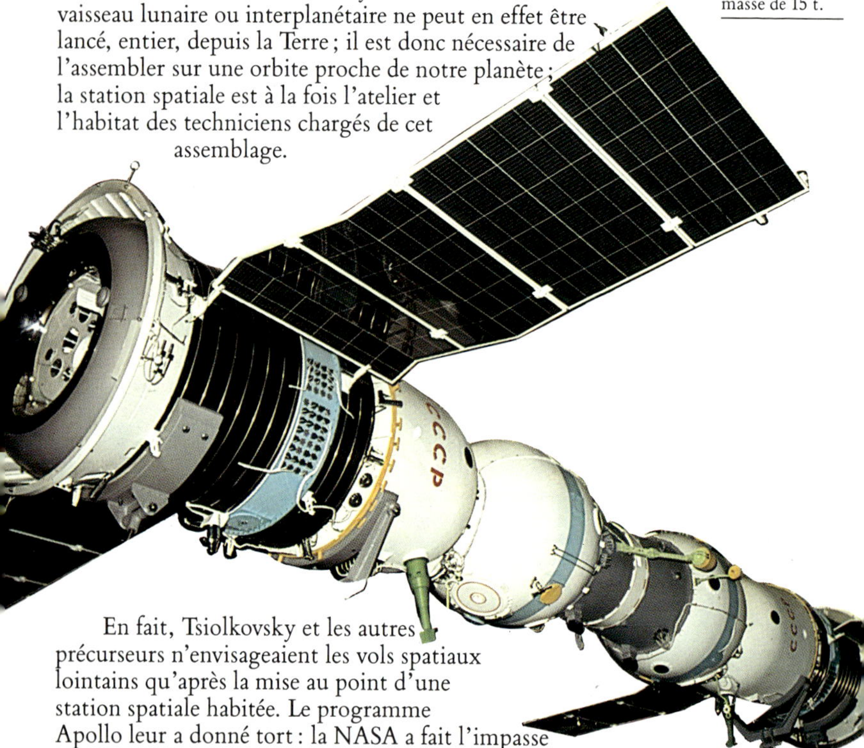

Avant de lancer leur première station spatiale *Saliout-1* en 1971 les Soviétiques procèdent en janvier 1969 à une expérience préliminaire : ils amarrent sur orbite deux vaisseaux, les *Soyouz-4* et *5*, pour constituer une station orbitale expérimentale longue de 15 m et d'une masse de 15 t.

Au cours du vol, deux cosmonautes, Evgueni Khrounov et Alexis Elisseiev sortent, en scaphandre, de *Soyouz-5* pour rejoindre *Soyouz-4* en simulant un sauvetage spatial.

En fait, Tsiolkovsky et les autres précurseurs n'envisageaient les vols spatiaux lointains qu'après la mise au point d'une station spatiale habitée. Le programme Apollo leur a donné tort : la NASA a fait l'impasse sur l'étape de la station et bondi directement vers la Lune. Mais à long terme, le jugement des pionniers reste valable : l'exploration humaine du système solaire se fera à partir de stations spatiales. En outre, celles-ci peuvent servir à bien d'autres tâches, comme l'observation de la Terre et des astres, les études biologiques et médicales en l'absence de pesanteur, les expériences de physique et de chimie dans l'environnement spatial, l'entretien comme la réparation de satellites, etc.

Les Soviétiques font de la station spatiale leur priorité numéro un. Dès le 19 avril 1971, deux ans seulement après avoir abandonné leur programme lunaire, ils satellisent autour de la Terre la première station orbitale de l'histoire : *Saliout-1.*

Avec leur station spatiale de seconde génération, *Saliout-6,* les Soviétiques inaugurent en 1978 les vols spatiaux internationaux. Un Tchèque, Vladimir Remek, est le premier cosmonaute étranger invité par l'URSS. Il s'entraîne ici dans une maquette de *Saliout-6* en compagnie du Soviétique Alexei Goubarev, avant de partir pour l'espace à bord du vaisseau *Soyouz-28* pour une mission d'une semaine.

Les stations spatiales exigent un va-et-vient permanent de vaisseaux en provenance de la Terre

Mais quelle différence y a-t-il entre une station spatiale (ou orbitale) et les Vostok, Voskhod, Mercury, Gemini, Apollo, Soyouz ou même la navette ? Tous ces vaisseaux ne peuvent séjourner que brièvement dans le cosmos, quelques semaines tout au plus, et ils sont avant tout conçus pour permettre à leur équipage de revenir sur Terre. Ils sont généralement aussi petits et légers que possible, avec des cabines compactes, résistantes et exiguës. La navette est la seule exception, avec sa masse supérieure à 100 t et sa cabine de 70 m³, mais elle est en même temps le véhicule le plus spécifiquement étudié pour pouvoir revenir sur Terre. Une station spatiale est au contraire appelée à rester très longtemps, des années, dans l'espace ; ses dimensions ne sont en principe limitées ni par le besoin de ramener sa cabine sur Terre, ni par les performances des lanceurs disponibles car elle peut être satellisée en plusieurs morceaux et assemblée. Il s'agit donc d'une structure dont la taille peut être très importante, et qui doit servir à la fois d'habitat, de laboratoire et d'atelier.

Cette station ne peut cependant se suffire à elle-même. Elle doit être complétée par des vaisseaux qui la relient à la Terre en transportant les équipages, le ravitaillement et les résultats des expériences scientifiques et techniques. Les vaisseaux Apollo et Soyouz, et surtout la navette, qui sont capables d'effectuer des rendez-vous dans l'espace, donc de rejoindre une station, puis de revenir sur Terre, peuvent assurer ce trafic indispensable avec la Terre.

La première station spatiale

La première station spatiale soviétique, *Saliout-1,* est encore une petite station expérimentale, constituée d'un seul élément cylindrique lancé par une fusée Proton.
Un premier équipage est envoyé le 23 avril 1971 à destination de *Saliout-1.* Après une journée de vol, son vaisseau, *Soyouz-10,* s'amarre à la station. On attend alors que les cosmonautes Vladimir Chatalov, Alexandre Elisseiev et Nicolas Roukavishnikov pénètrent dans la station. Mais à la surprise générale les trois hommes reviennent en catastrophe sur Terre. Que s'est-il passé ? On ne le saura probablement jamais, même si certaines sources occidentales affirment que les cosmonautes ont manqué perdre la vie.

Une nouvelle cabine spatiale se transforme en cercueil

Cet incident n'empêche pas les Soviétiques de tenter à nouveau l'opération : le 6 juin 1971, *Soyouz-11* s'élance à son tour vers *Saliout-1.* Cette fois, les cosmonautes Georgi Dobrovolsky, Vladislav Volkov et Victor Patsaiev s'installent normalement dans la station. Pour la première fois des hommes vivent dans une confortable maison de l'espace, et travaillent dans un laboratoire cosmique bien équipé (qui dispose de 4 tonnes d'appareillage scientifique et technique). Ils portent à vingt-trois jours le record de séjour dans le cosmos et, après une mission qui apparaît comme un remarquable succès, entreprennent de revenir sur Terre. C'est alors qu'une horrible catastrophe se produit : le 30 juin, pendant la descente, la la cabine *Soyouz-11* se dépressurise soudainement ; afin de tenir

Les stations soviétiques Saliout sont satellisées par les puissantes fusées Proton (à gauche) : la première de ces stations, *Saliout-1,* a 20 t de masse, 14 m de long, 4,2 de diamètre maximal et offre un volume habitable de 100 m³. Elle est équipée à l'avant d'une pièce d'amarrage qui peut recevoir un vaisseau de transport Soyouz. A l'arrière, un compartiment moteur lui permet de corriger son orbite et de se maintenir à une altitude suffisante (environ 300 km). Deux grands panneaux solaires couverts de photopiles l'alimentent en électricité, et elle s'oriente à volonté dans l'espace. Un équipage de deux ou trois cosmonautes peut y séjourner pendant trois mois environ. *Saliout-1* n'étant pas ravitaillable en combustible, et le Soyouz étant trop petit pour transporter à la fois cosmonautes et fret, la station ne possède qu'une autonomie de six mois.

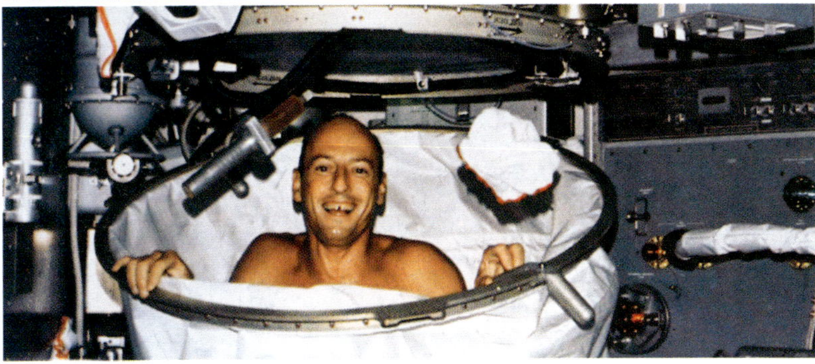

dans le petit habitacle, les trois hommes ne portent pas de scaphandre. Ils périssent en quelques secondes. La cabine qui se pose en douceur dans le Kazakhstan est un cercueil...

Il faudra un an aux Soviétiques pour modifier le Soyouz et en faire un vaisseau pouvant transporter deux cosmonautes en scaphandre au lieu de trois en survêtement. Cet accident marquera la fin de la première période noire de l'astronautique ; trois accidents et sept morts entre 1967 et 1971.

A bord de la station américaine *Skylab,* les astronautes découvrent les joies de l'espace... vital (!) et du confort. Owen Garriot travaille devant le vaste panneau de contrôle du télescope solaire et Charles Conrad (en bas) est tout revigoré après une bonne douche.

Avec Skylab l'Amérique reprend le dessus

Avec *Saliout-1,* les Soviétiques ont pris l'initiative dans le domaine des stations spatiales. Mais le retard causé par l'accident de *Soyouz-11* va permettre aux Américains de les dépasser. Bien sûr, la NASA concentre ses efforts sur la navette ; mais les États-Unis ont l'intention de construire un jour une grande station spatiale, et ils veulent utiliser le

matériel du programme Apollo pour réaliser une station expérimentale et prouver que l'homme peut travailler efficacement pendant des vols cosmiques prolongés. Cette station a pour nom *Skylab*.

Les Soviétiques connaissent le projet Skylab et ils cherchent à le devancer par une ou plusieurs nouvelles expériences du projet Saliout. Mais, trois ans après leur cuisant échec lunaire, la chance n'est toujours pas avec eux. En juillet 1972, le lancement d'un second Saliout échoue. Le 3 avril 1973, *Saliout-2* est enfin mis sur orbite, mais il explose quelques jours plus tard. Et le 11 mai, un autre Saliout est satellisé, mais il connaît immédiatement une défaillance grave et reçoit le nom discret de *Cosmos-557*. Le bilan du programme est alors désastreux : les trois morts de *Saliout-1* ont été suivis de la perte de trois stations... Sur ces entrefaites, la NASA lance son *Skylab* avec succès le 14 mai 1973 !

Un, deux..., trois mois dans l'espace ! Les équipes se succèdent dans le laboratoire spatial américain

Le mot succès appliqué au lancement de *Skylab* doit toutefois être pondéré : le revêtement isolant installé autour de la station a été arraché par le frottement atmosphérique, entraînant la perte d'un panneau solaire, et en endommageant un autre. Le laboratoire tourne bien autour de la Terre, mais il dispose de deux fois moins de courant électrique que prévu, et son habitacle est une fournaise !

A l'époque cependant, la NASA a l'art de transformer les échecs en réussite. L'opération Skylab est sauvée grâce à l'ingéniosité du personnel technique, qui imagine des remèdes de fortune ; grâce aussi à l'habileté des astronautes, qui accomplissent dans l'espace les réparations nécessaires à l'intérieur comme à l'extérieur de la station. Les trois premiers astronautes du programme, Charles Conrad, Joseph Kerwin (le premier médecin américain de l'espace) et Paul Weitz réussissent en particulier à déployer un large parasol à travers un petit sas prévu pour des expériences scientifiques, et à dégager lors d'une spectaculaire sortie le panneau solaire dont le déploiement était bloqué.

Les trois équipages qui se succèdent à bord de *Skylab* entre mai 1973 et février 1974 font croître de manière spectaculaire le record de séjour spatial : 28, 59 puis 84 jours... Leur travail permet d'accumuler une exceptionnelle quantité de résultats scientifiques... 175 000 clichés du Soleil recueillis au cours de 940 heures d'observation ; 46 000 photographies de la surface terrestre obtenues en 570 heures d'étude ! En outre l'examen des neuf astronautes du programme démontre que l'organisme humain supporte très bien l'absence de pesanteur pendant des vols de plusieurs mois, et se réadapte ensuite aux conditions terrestres sans difficulté sérieuse ni séquelle irréversible.

L'observation du Soleil (à gauche) était l'un des objectifs majeurs du programme Skylab. L'astronaute Edward Gibson a ici photographié avec une extraordinaire netteté la «naissance» d'une éruption solaire.

Skylab est l'art d'accommoder les restes spatiaux. La recette est simple. Prenez le troisième étage d'une fusée *Saturn-5 ;* videz-le de ses propergols ; installez dans son réservoir des locaux d'habitation pour trois personnes ; ajoutez un sas à l'avant avec une pièce d'amarrage pour le vaisseau Apollo ; prenez encore la structure d'un module lunaire Apollo pour en faire l'armature d'un grand télescope solaire ; disposez quelques panneaux de photopiles pour l'alimentation en électricité ; saupoudrez le tout de quelques tonnes d'équipement scientifique. Vous obtenez ainsi une station spatiale tout à fait présentable longue de 36 m pour un diamètre de 6,6 m avec une masse de 90 t et un volume habitable de 350 m³... Une station quatre fois plus lourde qu'un Saliout, qui peut être satellisée à 450 km au-dessus de la Terre.

Les Soviétiques reprennent l'initiative en dépit du sauvetage acrobatique de Lazarev et Makarov

L'opération Skylab est un tournant dans l'aventure spatiale : elle ouvre la voie à des vols habités de très longue durée, et donc à l'exploitation prolongée de stations orbitales. Les Américains ne sont cependant pas à même de tirer parti de ce remarquable succès : le laboratoire *Skylab,* qui brûlera dans l'atmosphère le 11 juillet 1979, n'aura pas de successeur... Et les Soviétiques vont peu à peu résoudre leurs problèmes techniques, et prendre résolument la première place pour la mise en œuvre de stations spatiales.

Après ses multiples déboires de 1972 et de 1973, l'URSS parvient enfin, en juin 1974, à installer sur orbite avec succès une nouvelle station spatiale, *Saliout-3.* Pavel Popovitch et Youri Artioukhine l'occupent pendant 17 jours, au mois de juillet, et mènent à bien des recherches médicales et des observations civiles et militaires de la surface terrestre. Les problèmes majeurs sont terminés. Mais pas les ennuis mineurs : en août 1974, un second équipage ne parvient pas à rejoindre *Saliout-3,* dont la carrière se termine prématurément...

Cette fois cependant les Soviétiques ne perdent pas de temps : le 26 décembre 1974, ils lancent *Saliout-4,* rejoint par un premier équipage dès le 11 janvier 1975. Alexei Goubarev et Georgi Gretchko restent 32 jours dans l'espace. L'expérience paraît bien partie. Mais l'accident n'est pourtant pas loin. Le 5 avril 1975, le lanceur du vaisseau *Soyouz-18,* occupé par Vassili Lazarev et Oleg Makarov, quitte le cosmodrome de Baïkonour. Après quelques minutes de vol, le troisième étage s'allume normalement, mais il reste accroché au deuxième étage : c'est l'échec. Fort heureusement le système de secours fonctionne, la cabine du Soyouz se sépare de sa fusée porteuse et se pose en catastrophe en Sibérie, tout près d'un ravin... Les deux hommes ont eu très chaud, mais ils sont saufs !

Apollo et Soyouz se rejoignent : le cosmos devient le symbole de la détente entre les deux grandes puissances

L'opération Saliout-4 n'est-elle pas néanmoins compromise ? C'est mal juger de la confiance retrouvée des responsables de l'espace soviétique. Dès le 24 mai

L'expérience du vol commun URSS - États-Unis commence le 15 juillet 1975 à 13 h 20 (heure de Paris) par le lancement de *Soyouz-19,* piloté par Alexei Leonov et Valery Koubassov ; 7 h 30 mn plus tard, la cabine Apollo s'élance à son tour avec à son bord Thomas Stafford, Vance Brand et Donald Slayton. Elle s'amarre à *Soyouz-19* le 17 juillet à 17 h 15 : astronautes et cosmonautes sont ensemble dans l'espace...

1975, soit six semaines plus tard, *Soyouz-18* prend la route du cosmos. Vitali Sevastianov et Piotr Klimouk rejoignent *Saliout-4* et portent à 63 jours le record soviétique de séjour dans l'espace. En outre, pendant qu'ils tournent inlassablement autour de la Terre, une autre mission spatiale soviétique remporte un remarquable succès : le rendez-vous d'un vaisseau Soyouz et d'une cabine Apollo.

A l'arrière, Tom Stafford et Alexis Leonov; au premier plan : Dike Slayton, Vance Brand et Valery Koubasov.

La course à la Lune était une conséquence spectaculaire de la guerre froide entre les États-Unis et l'Union soviétique. La rencontre autour de la Terre de vaisseaux des deux superpuissances est au contraire une

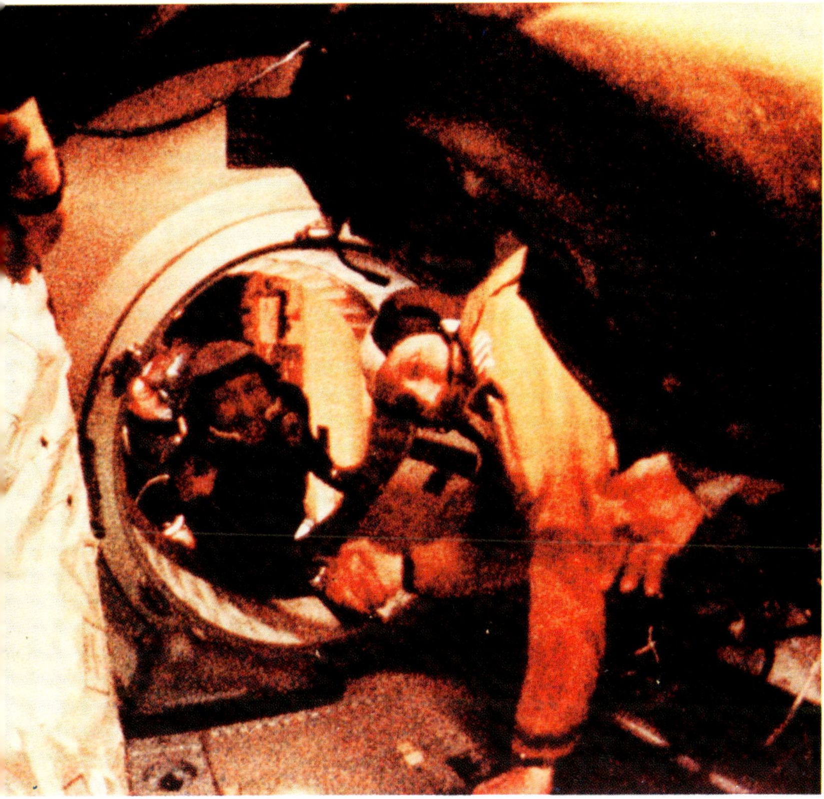

illustration de l'esprit de détente qui prévaut au début des années 1970.

Le principal problème technique concerne les systèmes de jonction des deux vaisseaux. Le vaisseau Soyouz, comme la cabine Apollo, possède son propre dispositif d'amarrage, avec une pièce mâle destinée à pénétrer dans une partie femelle solidaire de la cible poursuivie. Ces deux dispositifs s'excluent mutuellement. Un troisième est donc créé. Il est androgyne et permettrait, s'il était universellement accepté, à tout vaisseau spatial de sauver l'équipage d'une autre cabine, sans distinction de pays d'origine. Cette préoccupation humanitaire est officiellement à l'origine de la mission Apollo-Soyouz, mais, une décennie plus tard, elle n'a débouché sur aucune application. Un second problème de compatibilité concerne les atmosphères différentes des habitacles : air normal pour le Soyouz, oxygène pur sous pression réduite pour Apollo. Pour le résoudre, la NASA construit un sas, installé à l'avant de sa cabine Apollo.

Pour les Soviétiques, cette expérience est une sorte de revanche sur leur défaite lunaire : ils donnent au monde l'impression de naviguer dans l'espace à égalité avec les États-Unis. Pour la NASA, en revanche, cette mission est une fin : celle du programme Apollo et des opérations Skylab. Aucun Américain ne retournera dans l'espace avant 1981 pour le premier vol de la navette. Une absence de plus de cinq ans, que l'URSS va mettre à profit pour reprendre l'initiative dans le domaine des vols spatiaux habités.

Les ravitailleurs du cosmos maintiennent la station en état de marche pour des années

Après le succès de l'opération Saliout-4, et celui du rendez-vous Apollo-Soyouz en 1975, l'espace soviétique est vraiment sorti de sa période noire. L'année 1976 est encore une année de transition : une nouvelle station orbitale, *Saliout-5,* est occupée durant 49 jours par un premier équipage (chassé, semble-t-il, par un sérieux problème de pollution de l'air de la cabine), et ne peut être rejointe par un second groupe de cosmonautes. La maîtrise du rendez-vous spatial restera des années encore un point faible des Soviétiques. Mais 1977 marque un progrès décisif : le 29 septembre, l'URSS satellise sur orbite *Saliout-6,* station orbitale de la «seconde génération». Un pas de géant va pouvoir être accompli dans l'occupation du cosmos...

Le compartiment avant de la station *Saliout-6* sert à la fois de laboratoire et de sas pour les sorties dans l'espace.

Alexandre Ivanchenkov photographie la Terre à travers le hublot du compartiment avant de *Saliout-6*. En compagnie de Vladimir Kovalenok, il porte en 1978 le record de vol spatial à 139 jours. Pour les Soviétiques, ce n'est qu'un petit début… Au programme de travail des cosmonautes, des recherches sur les sciences de la vie dans l'espace : ci-dessous, un oignon est parvenu à éclore en apesanteur.

L'opération Saliout-6 commence pourtant mal : le premier vaisseau lancé vers la station en octobre 1977, *Soyouz-25*, ne parvient pas à s'amarrer, et endommage peut-être la pièce de jonction à l'avant de la station. Les deux cosmonautes Valery Rioumine et Vladimir Kovalenok reviennent bien déçus de n'avoir pu marquer par un succès spatial le soixantenaire de la révolution d'Octobre. Mais ils auront bientôt l'occasion d'effacer cette tache de leur carrière cosmique.

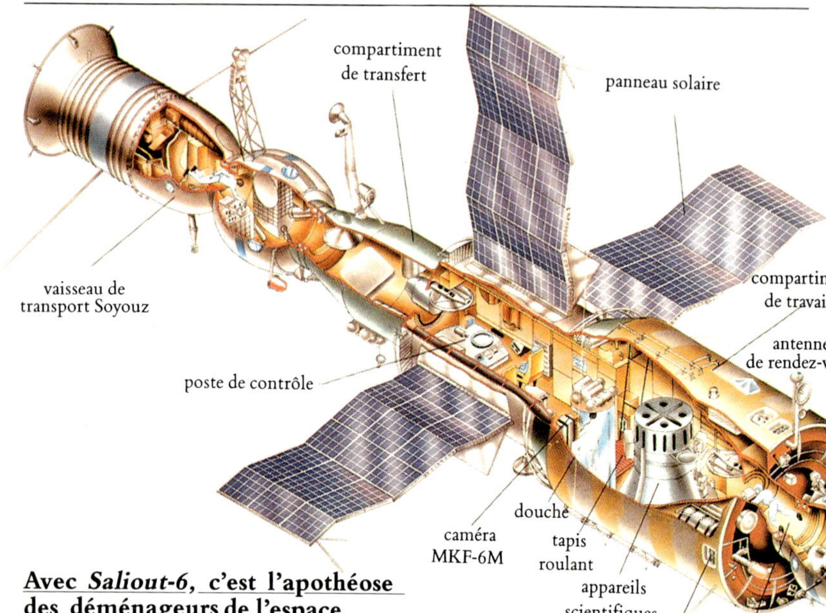

Avec *Saliout-6*, c'est l'apothéose des déménageurs de l'espace

L'échec de *Soyouz-25* n'est en effet qu'un contretemps. Dès le 10 décembre 1977, un autre vaisseau part rejoindre *Saliout-6* et s'amarre à la nouvelle pièce de jonction arrière. Youri Romanenko et Georgi Gretchko effectuent quelques jours plus tard une brève sortie à l'extérieur de la station pour inspecter la pièce d'amarrage avant. Tout va bien... Les grandes manœuvres spatiales soviétiques peuvent commencer.

Le 10 janvier, Vladimir Djanibekov et Oleg Makarov partent rendre une petite visite à Gretchko et Romanenko. Pour la première fois quatre cosmonautes vivent et travaillent dans une station Saliout. Et les Soviétiques disposent en orbite d'un «train spatial» (c'est l'expression qu'ils utilisent pour qualifier l'ensemble *Soyouz-26/Saliout-6/Soyouz-27*) de 35 t et 30 m de long.

Dix jours plus tard, alors que Djanibekov et Makarov viennent tout juste de rentrer sur Terre, c'est *Progress-1* qui s'élance de Baïkonour. Le 22 janvier, il s'ancre à l'arrière de *Saliout-6*. Le premier ravitaillement spatial de l'histoire est en cours... Gretchko et Romanenko se transforment en déménageurs du cosmos pour

Saliout-6 possède une nouveauté fondamentale : une seconde pièce d'amarrage à son extrémité arrière lui permet de recevoir simultanément deux Soyouz, et donc quatre cosmonautes, ou à la fois un Soyouz et un vaisseau de ravitaillement, le Progress. Désormais, la durée d'utilisation de la station n'est plus limitée : chaque Progress apporte 1 300 kg de combustible et une tonne de fret et *Saliout-6* peut être maintenue en permanence en état de marche et d'habitation.

transférer dans *Saliout-6* le précieux fret apporté par *Progress-1,* et en pompistes de l'espace pour remplir les réservoirs de leur station.

Ce premier succès en appelle d'autres. Le 2 mars 1978, *Soyouz-28* emporte vers *Saliout-6* le premier équipage international, composé du Soviétique Alexei Goubarev et du Tchèque Vladimir Remek. Ils reviennent sur Terre le 10 mars, suivis par Gretchko et Romanenko qui rentrent à leur tour le 16, après avoir passé 96 jours dans le cosmos. Le record américain est déjà battu... Et pourtant l'opération Saliout-6 ne fait que commencer !

Désormais, les Soviétiques ont établi leur stratégie Saliout ; un équipage principal occupe la station pendant des mois, en assure le bon fonctionnement et procède au déchargement des vaisseaux de ravitaillement Progress. De temps en temps, un équipage de visite, le plus souvent international, vient passer une semaine environ dans la station pour accomplir des recherches particulières. Entre chaque séjour des différents équipages principaux, le Saliout fonctionne automatiquement pendant quelques mois. L'occupation de l'espace n'est donc encore que semi-permanente. *Saliout-6* ne sera détruite que le 28 juillet 1982, après 5 années pendant lesquelles 32 engins spatiaux ont été lancés vers elle. Elle a été occupée pendant un total de 676 jours par 16 équipages de 2 ou 3 cosmonautes !

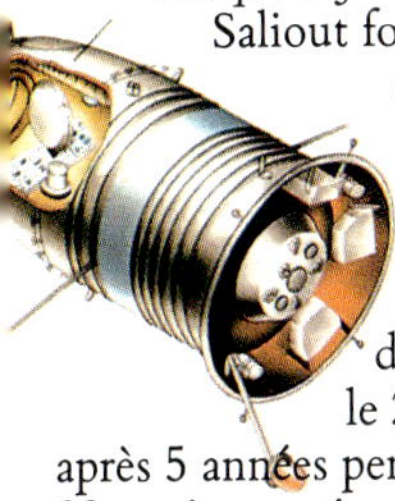

1981, le contexte change : les stations soviétiques sont désormais face à la navette américaine

Lorsque le dernier équipage principal de *Saliout-6,* composé de Vladimir Kovalenok et Victor Savinikh, revient sur Terre le 26 mai 1981 après 75 jours dans l'espace, les Soviétiques ont accumulé une expérience incomparable dans le domaine des vols habités.

Le 19 juillet 1978, Alexandre Ivanchenkov et Vladimir Kovalenov (ci-dessous) sortent pour récupérer le résultat d'expériences faites à l'extérieur de *Saliout-6* (l'un des cosmonautes se reflète dans la visière de l'autre). Au total, cinq équipages se succèdent à bord de *Saliout-6* entre 1978 et 1981. Missions de 139 jours (Vladimir Kovalenov et Alexandre Ivanchenkov en novembre 1978), puis de 185 jours (Léonide Popov et toujours Valery Rioumine, en octobre 1980). La barre des six mois dans l'espace est passée ; en outre un homme, Valery Rioumine, totalise à lui seul 361 jours de voyage cosmique !

Le cosmodrome dit de Baïkonour se trouve en fait près du village de Tyuratam, à 400 km de la véritable ville de Baïkonour. Situé dans la vaste plaine de l'Asie centrale soviétique, dans une boucle du fleuve Syr Daria, il a été créé en 1955 et s'étend aujourd'hui sur plusieurs milliers de kilomètres carrés. Une ville secrète, Leninsk, peuplée de dizaines de milliers d'habitants, a été construite à proximité pour loger les employés du cosmodrome. Tous les cosmonautes soviétiques y sont partis de la même plate-forme de lancement, qui est aussi celle d'où a été lancé *Spoutnik-1* en 1957. Avant le départ (à droite), la fusée porteuse d'un vaisseau Soyouz est flanquée de tours de servitude, et les cosmonautes gagnent son sommet en ascenseur. Ces tours sont ensuite écartées, et la fusée peut s'élancer vers les étoiles (à gauche).

Pourtant, leurs réalisations viennent d'être éclipsées par le premier vol de la navette spatiale, le 12 avril 1981.

John Young et Robert Crippen ne restent dans l'espace que deux jours, mais leur navette *Columbia* est bien plus impressionnante et moderne que les engins soviétiques : deux Soyouz, ou un Saliout trouveraient aisément place dans sa soute ; la minuscule cabine d'un Soyouz, qui atterrit maladroitement au bout d'un parachute ne peut se comparer à l'élégant avion spatial de la NASA qui se pose sur une piste d'aéroport...

Une fois de plus, l'Amérique apparaît largement en tête dans l'espace. Mais cette impression est en partie fausse. Avec leurs modestes Saliout, Soyouz et Progress, les Soviétiques ont beaucoup appris sur le comportement, le travail de l'homme dans l'espace et la mise en œuvre de laboratoires spatiaux. Ils ont largement progressé sur la route des grandes stations cosmiques. La navette, aussi remarquable soit-elle sur le plan technologique, ne peut rester plus d'une douzaine de jours dans l'espace. Elle ne peut remplacer une station spatiale pour des études prolongées en absence de pesanteur.

Les laboratoires Saliout (ci-dessous) ont accueilli entre 1978 et 1984 11 cosmonautes non soviétiques, parmi lesquels Jean-Loup Chrétien (en bas à gauche en compagnie d'Alexandre Ivanchenkov). Chaque mission porte un emblème : ci-dessus, celui de la mission franco-soviétique.

Le programme soviétique est en outre marqué par la continuité. En avril 1982, *Saliout-7* prend le relais de *Saliout-6*. Un premier équipage principal (Anatoli Berezovoï et Valentin Lebedev) s'y installe le mois suivant, pour un nouveau vol record de 211 jours. Mais le grand événement de cette mission est la participation d'un spationaute français : Jean-Loup Chrétien, accompagné de Vladimir Djanibekov et Alexandre

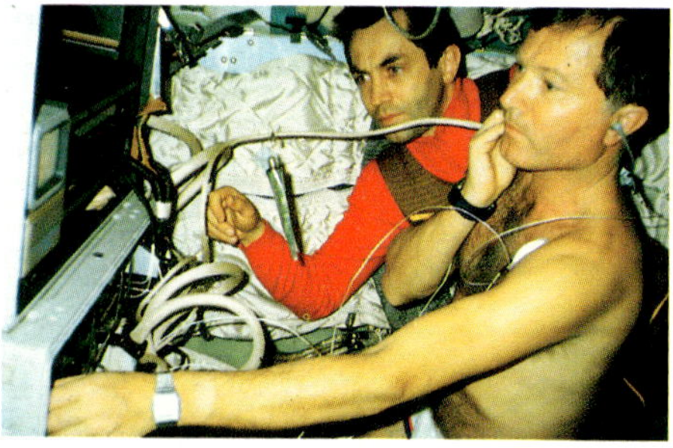

Ivanchenkov, séjourne dans *Saliout*-7 du 25 juin au 2 juillet 1982.

Entre la routine et l'exploit se joue la vie des cosmonautes et l'aventure spatiale

Une certaine routine prend ensuite le dessus : le monde s'est habitué aux visites d'équipages internationaux, au ravitaillement des Progress, aux records de durée qui se succèdent (Leonide Kizim, Vladimir Soloviev et Oleg Atkov, un médecin cardiologue, le portent à près de huit mois, en octobre 1983). Et pourtant, peut-on jamais parler de routine en matière spatiale ? L'accident ou l'exploit ne sont jamais éloignés.

Les cosmonautes, comme les astronautes, courent toujours des risques. Et seul leur courage permet à de nombreuses reprises de sauver des missions bien compromises. En août 1979, une antenne de 10 mètres de diamètre se coince malencontreusement à l'arrière de *Saliout-6 ;* Valery Rioumine, qui vient de passer cent soixante-dix jours dans l'espace, effectue une sortie impromptue pour détacher cette antenne dont la présence rendrait la station inutilisable. En novembre 1983, une fuite catastrophique se produit dans le compartiment des moteurs de *Saliout*-7*;* l'année suivante, Leonide Kizim et Vladimir Soloviev n'effectuent pas moins de six sorties dans l'espace pour réparer le système de propulsion de la station. En décembre 1984, une panne générale de courant fait perdre aux Soviétiques le contrôle de *Saliout*-7*,* alors inoccupée ; en juin 1985, une tentative desespérée de sauvetage est effectuée par Vladimir Djanibekov et Victor Savinikh ; les deux cosmonautes parviennent à s'amarrer à la station en perdition, à pénétrer dans l'habitacle glacé et à faire revenir le courant ; *Saliout*-7 pourra encore servir un an... La ronde des Saliout est une extraordinaire aventure technique et humaine. Lorsqu'elle s'achève en 1986, elle a ouvert aux Soviétiques non seulement la route de l'occupation permanente de l'espace proche de la Terre, mais aussi le chemin des planètes. Un vol Terre-Mars ne demanderait pas plus longtemps que les huit mois du record établi en 1983 à bord de *Saliout*-7...

Le 26 juin 1982, c'est le premier vol spatial d'un Français : Jean-Loup Chrétien est lancé en compagnie de Alexandre Ivanchenkov (41 ans) et Vladimir Djanibekov (40 ans) à bord du *Soyouz-T6.* Les trois hommes rejoignent le lendemain la station *Saliout*-7 où se trouvent déjà Anatoli Berezovoï (40 ans) et Valentin Lebedev (40 ans). Le séjour dans *Saliout*-7 dure une semaine, pendant laquelle Jean-Loup Chrétien effectue des expériences pour 17 laboratoires français.

Léonid Kizim est devenu à 40 ans, en 1986 le premier homme à totaliser plus d'une année passée dans le cosmos. Il établit également un record de huit sorties d'une durée totale de 32 h 40.

En cette fin du XXᵉ siècle, l'homme s'installe dans le cosmos... Américains et Soviétiques s'apprêtent à franchir l'étape décisive : installer des habitats permanents dans l'espace. Les Soviétiques seront les premiers avec leur grande station *Mir*, qui sera bientôt desservie par un véhicule du type navette. Les Américains suivront au milieu des années 1990. Et les Européens participeront également à cette expansion de l'humanité dans l'espace, avec leur station *Columbus* et leur avion spatial *Hermès*.

CHAPITRE VII

COLONISER L'ESPACE

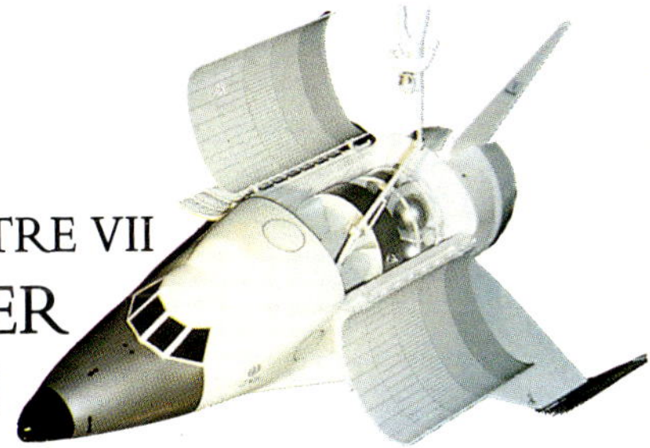

A la fin du siècle, les Soviétiques (et peut-être les Américains) seront près d'arriver sur Mars, et l'Europe sera capable de lancer des hommes dans l'espace avec *Hermès*.

De Mir aux villages de l'espace, les allers-retours d'un laboratoire à l'autre

C'est le 19 février 1986 que l'URSS satellise autour de la Terre la station orbitale *Mir*. En apparence, elle diffère peu des Saliout qui l'ont précédée : elle pèse toujours une vingtaine de tonnes, et sa forme extérieure est presque la même. Pourtant *Mir* n'est pas une station complète comme les Saliout, à la fois habitat et laboratoire. Il s'agit du module central d'une grande station, qui sera constituée en lui ajoutant jusqu'à cinq gros modules porteurs d'expériences scientifiques ou techniques. Au total, cette station pourra peser jusqu'à 150 t et recevoir 12 cosmonautes !

Elle deviendra le premier habitat permanent de l'homme dans l'espace. A partir de 1987 ou de 1988 en effet, des équipages s'y succéderont, et le cosmos ne cessera plus jamais d'être habité...

En fait, l'occupation de *Mir* a commencé dès 1986 : le 13 mars, Leonid Kizim et Vladimir Soloviev partent à bord de *Soyouz-15* pour rejoindre la nouvelle station. Mais il ne s'agit encore que d'une mission préliminaire, destinée à préparer *Mir* en vue de l'arrivée des gros modules (20 tonnes chacun) qui la compléteront peu à peu.

Cette expérience est cependant marquée par une nouveauté qui préfigure les grandes manœuvres futures dans un espace occupé par de nombreuses stations : le 5 mai 1986, Kizim et Soloviev quittent *Mir* à bord de *Soyouz-T15* et vont rendre visite à la vieille station *Saliout-7*, qui se trouve presque sur la même trajectoire, à quelques milliers de kilomètres.

Un tel transfert entre deux engins évoluant sur des orbites voisines (les spécialistes parlent d'objets co-orbitants) ne consomme que très peu d'énergie, et les stations spatiales de l'avenir ne seront pas constituées d'une seule entité, mais d'un habitat principal complété par toute une myriade de plates-formes et de laboratoires co-orbitants. Il s'agira de véritables villages spatiaux ; les astronautes et les cosmonautes navigueront entre leurs éléments à peu de frais à bord de petits remorqueurs interorbitaux. *Soyouz-T15*

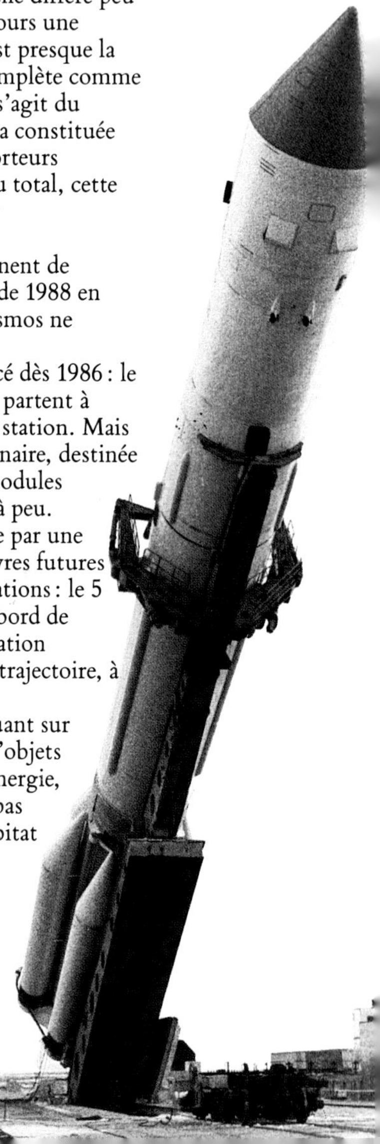

joue déjà le rôle de l'un de ces remorqueurs, et c'est à son bord que Kizim et Soloviev regagnent *Mir* à la fin de juin 1986, transportant de nombreux équipements scientifiques de la vieille station vers la nouvelle.

Comme tous les lanceurs spatiaux soviétiques, la fusée Proton (à gauche) est transportée horizontalement jusqu'à la plate-forme de lancement, et dressée ensuite en position verticale.

L'heure est bientôt à la fusée géante complétée par une énorme navette

Avec *Mir*, les Soviétiques inaugurent ce que l'on peut appeler la colonisation de l'espace. Les moyens dont ils disposent pour transporter les modules de leur grande station et leurs cosmonautes sont-ils cependant suffisants pour entreprendre des opérations de grande envergure dans le cosmos ? Sans doute pas, car la charge utile du Soyouz est beaucoup trop limitée (3 cosmonautes et quelques dizaines de kilogrammes de matériel) et le lanceur Proton ne peut pour l'instant mettre en orbite des modules de plus de 20 tonnes.

La nouvelle station spatiale soviétique *Mir* est préparée en vue de son lancement prochain dans un vaste hall d'assemblage du cosmodrome de Baïkonour. Elle va être placée à l'intérieur d'un carénage aérodynamique qui la protègera du frottement atmosphérique pendant la première partie du lancement.

Mais, selon les Américains, dont les satellites de reconnaissance surveillent de près le programme spatial de l'URSS, les Soviétiques s'apprêtent à mettre en service une fusée géante encore plus grosse que la Saturn-5 américaine aujourd'hui abandonnée, capable de satelliser plus de 200 tonnes autour de la Terre, ainsi qu'une navette comparable à l'avion spatial de la NASA – si ce n'est qu'elle ferait appel à des fusées à propergols liquides en lieu et place des dangereux boosters à poudre de la navette américaine. Les essais de cette fusée géante et de cette navette commenceraient d'ici à la fin de la décennie.

La grande station de la NASA prend un tour international

Avec de tels moyens, la conquête soviétique de l'espace pourrait véritablement changer d'échelle. Mais les États-Unis vont-ils se laisser distancer sans réagir ? Depuis janvier 1984, ils ont eux aussi un programme de grande station spatiale habitée en permanence : le président Ronald Reagan a en effet apporté publiquement son soutien au projet que la NASA cherchait à faire adopter depuis des années. Il s'agit d'une station constituée par une immense armature en poutres métalliques mesurant 150 m de large et 100 m de haut, sur laquelle seront fixés des modules cylindriques d'habitation et de travail. D'énormes collecteurs de rayonnement solaire fourniront l'énergie nécessaire à l'exploitation de la station, où vivront 6 ou 8 astronautes.

L'assemblage de la station de la NASA sera une opération de longue haleine, puisqu'elle demandera deux ans environ (de 1993 à 1995) et ne nécessitera pas moins de quatorze vols de navette. Celle-ci assurera ensuite naturellement la desserte de la station, en effectuant quatre missions de ravitaillement et de relève de l'équipage par an.

La station de la NASA sera en fait internationale. Les États-Unis ont invité d'autres pays ou groupes de pays à s'associer à cette grande entreprise : l'Europe, le Japon et le Canada. L'Europe fournira un module expérimental appelé *Columbus,* né de l'expérience acquise avec le programme Spacelab (fabrication d'un laboratoire installé dans la soute de la navette). Le Japon fera de même. Quant au Canada, fort d'avoir produit le bras télémanipulé qu'utilisent les astronautes de la navette, il fournira une installation destinée à la télémanipulation et à l'entretien des engins spatiaux.

A quoi servira la station spatiale de la NASA ? Tout d'abord à la recherche scientifique et technique ; à cet égard les Américains disposent d'une double expérience très importante : celle de la station *Skylab* acquise en 1973-1974, et surtout celle de la navette et du laboratoire *Spacelab.*

En effet, la navette n'est pas seulement un lanceur de satellites automatiques durement concurrencé par Ariane, c'est aussi un vaisseau spatial habité aux caractéristiques

exceptionnelles. Le niveau supérieur de sa cabine de 70 m³ est occupé par le poste de pilotage qui peut accueillir quatre astronautes : le commandant de bord et le pilote, installés sur les deux sièges avant face à un vaste pare-brise offrant une visibilité incomparable sur la Terre et l'espace ; le responsable des opérations de rendez-vous et d'amarrage, disposant d'un hublot pratiqué dans le plafond du cockpit ; enfin, un spécialiste de la mission, assis à côté d'une fenêtre donnant sur la vaste soute arrière, se charge des opérations concernant les satellites ou les appareillages transportés par la navette.

Le second niveau de la cabine, sous le poste de pilotage, est la pièce de séjour, avec toutes les commodités nécessaires à l'existence de l'équipage : table, cuisine, toilettes. Trois sièges peuvent y être installés pour trois astronautes supplémentaires : par exemple les spécialistes de la charge utile responsables du fonctionnement des équipements spéciaux installés dans la soute. L'équipage de la navette peut ainsi comporter sept astronautes. En cas de nécessité impérieuse, telle une mission de sauvetage, il pourrait même atteindre dix personnes.

Le *Spacelab* inaugure les missions de recherche scientifiques et techniques

Que manque-t-il à la navette pour constituer un embryon de station spatiale avec lequel la NASA pourrait préparer sa future grande base spatiale ? Deux choses : d'une part la durée, d'autre part la place nécessaire à la réalisation d'expériences scientifiques et techniques. Pour la durée, il n'y a rien à faire : les réserves de combustible et d'énergie de l'avion-fusée ne

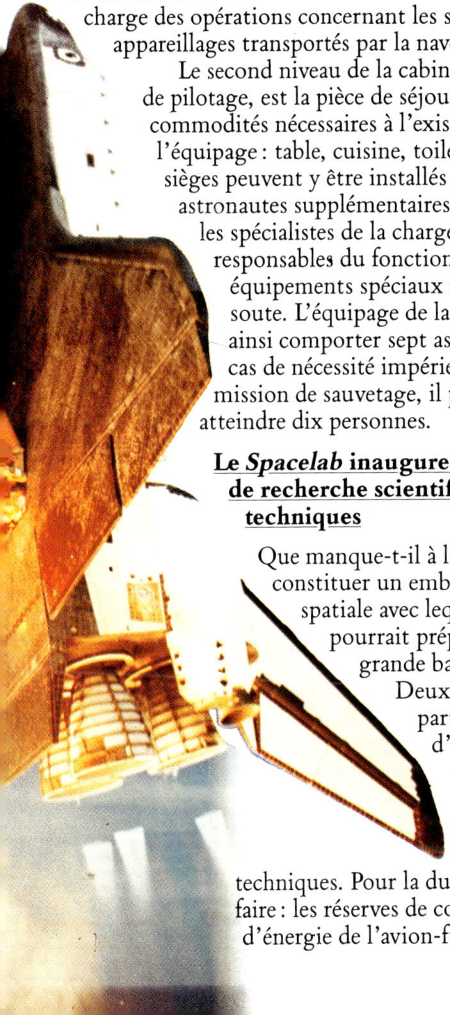

La navette spatiale américaine, que l'on voit ici lancer le laboratoire européen *Spacelab* en 1983, doit reprendre ses vols au début de 1988, soit deux ans après la catastrophe de *Challenger*. En principe, elle sera redevenue sûre : les énormes propulseurs à poudre (les *boosters*) qui arrachent le véhicule au sol seront équipés de nouveaux joints, parfaitement étanches espère-t-on à la NASA, pour relier leurs différentes parties. Le rythme des lancements sera cependant réduit : pas plus de 3 à 4 tirs par an pour chacun des trois avions-fusées (*Columbia, Discovery* et *Atlantis*) dont dispose encore la NASA.
La navette servirait à des missions prioritaires : les lancements de satellites militaires, et à partir de 1993, la mise en orbite des éléments de la grande station spatiale américaine. Avec la mise en service de celle-ci, la navette trouvera enfin sa véritable vocation : transporter hommes et matériel entre la Terre et les bases du cosmos. Pour faire face à ces missions, un quatrième avion spatial sera sans aucun doute nécessaire. Le Président Reagan a décidé sa construction au cours de l'été 1986.

permettront pas des missions dépassant une dizaine de jours. Pour la place, en revanche, la solution du laboratoire installé dans la soute du véhicule est possible. Et la réalisation de ce laboratoire a été confiée par la NASA en 1973 aux Européens, qui se sont fort bien acquittés de cette tâche.

Le premier vol du *Spacelab* commence le 28 novembre 1983. Six astronautes sont à bord de *Columbia :* le commandant de bord John Young (vétéran du cosmos, il accomplit son sixième vol !), le pilote Brewster Shaw, les deux spécialistes de la mission, Owen Garriot (électronicien) et Robert Parker (astronome), et les deux spécialistes de la charge utile, Byron Lichtenberg (ingénieur biomédical) et Ulf Merbold (physicien, premier astronaute de l'Agence spatiale européenne).

Les futures usines de l'espace ouvrent la perspective d'applications industrielles

La durée de la mission est de dix jours, au cours desquels deux groupes de trois astronautes se relaient en permanence pour effectuer les 70 expériences prévues. Au programme, tous les grands domaines de la recherche à bord des stations spatiales ; étude des effets de l'apesanteur sur l'organisme humain et plus généralement sur les êtres vivants et les cellules ; observation des astres, dans des conditions très favorables hors de l'atmosphère ; photographies de la Terre ; enfin, élaboration d'un certain nombre de substances et de matériaux en état d'apesanteur.

Ce dernier domaine est certainement le plus important et le plus prometteur pour l'avenir des activités spatiales. En l'absence de pesanteur, dans l'état que les spécialistes appellent microgravité (car l'apesanteur idéale est toujours perturbée par les vibrations et les mouvements du vaisseau), on peut réaliser des opérations qui sont très difficiles, voire impossibles, à la surface de la Terre : mélanger des métaux de densité très différentes, faire croître des cristaux presque parfaits, très bien séparer des substances biologiques notamment par le procédé dit

Spacelab est un extraordinaire outil pour la recherche spatiale. Conçu de manière modulaire, il peut comporter un élément pressurisé relié à la cabine de l'avion-fusée et une plate-forme pour les instruments d'étude de la Terre, du ciel et de l'environnement cosmique. Au total, de 5 à 9 t d'équipements scientifiques qui peuvent, en outre, être échangés d'une mission à l'autre, ce qui offre une très grande souplesse d'utilisation.

L'un des grands objectifs des missions de *Spacelab* est d'étudier et de comprendre les effets de l'absence de pesanteur sur différents types de matériaux et de processus physiques, chimiques et biologiques. La principale origine de ces phénomènes est la disparition de la convection, c'est-à-dire du fait que, par exemple, dans un récipient où l'on met de l'eau à bouillir, le liquide qui s'échauffe au fond, plus léger, remonte à la surface. Dans l'espace, l'eau chaude et l'eau plus fraîche ne se séparent pas et il en est de même pour des métaux fondus de densité différente ou pour un mélange de bulles dans un liquide. Conséquences : on peut imaginer ainsi la formation d'alliages impossibles à réaliser sur Terre ou la production de bien meilleurs matériaux dans des processus qui, sur Terre, sont gênés par la convection, ainsi, la croissance de gros cristaux semi-conducteurs pour l'électronique.

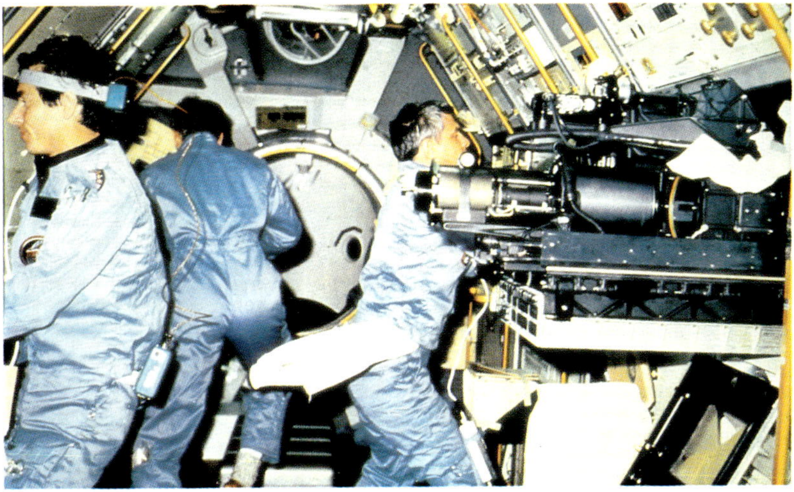

de l'électrophorèse, faire cristalliser des protéines, etc.

De telles études ont une grande importance scientifique, mais pourraient aussi déboucher sur des applications industrielles comme la fabrication de substances ou de matériaux de très grande valeur pour l'électronique ou la médecine et impossibles à obtenir sur Terre. Elles préparent donc ce qui sera peut-être l'usine de l'espace.

Eureca : une plate-forme de longue durée pour l'Europe

La mission *Spacelab-1* est un succès complet. Elle est suivie des vols *Spacelab-3*, largement consacré aux sciences de la vie en microgravité, et Spacelab-D1, organisé par l'Allemagne fédérale et voué aux recherches sur l'élaboration de matériaux en microgravité.

Une question demeure : pourquoi un système aussi efficace que le *Spacelab* n'est-il pas davantage utilisé ? Parce qu'il coûte très cher : plus de 100 millions de dollars par mission... La navette, on le sait, est un véhicule très coûteux ! Toutefois, même sans *Spacelab*, elle peut servir à des recherches limitées avec des instruments installés au niveau inférieur de sa cabine. C'est de cette manière que le second Français du cosmos, Patrick Baudry, a effectué en

La médecine spatiale est également au premier rang des sujets étudiés à bord de *Spacelab*. Les missions de celui-ci étant de courte durée, il s'agit avant tout de comprendre les phénomènes qui accompagnent l'adaptation de l'organisme à l'apesanteur au cours des premiers jours du voyage spatial, et en particulier le mal de l'espace. On pense que ce mal provient du fait que le cerveau reçoit des informations contradictoires des deux systèmes de capteurs qui lui permettent de savoir, sur Terre, comment le corps est orienté par rapport à la verticale. Ces capteurs sont d'une part l'œil, d'autre part l'appareil vestibulaire de l'oreille interne. Pour l'œil, rien n'est changé, mais l'appareil vestibulaire n'a plus aucun moyen de reconnaître la direction verticale.

juin 1985 des expériences médicales à bord de l'avion-fusée *Discovery*

La navette, avec ou sans *Spacelab,* ne permet pas d'effectuer des recherches prolongées sur les effets ou l'utilisation de l'apesanteur. En outre, à cause de ses mouvements propres et de ceux de son équipage, elle ne fournit pas une microgravité satisfaisante pour certaines expériences. N'est-il pas possible de contourner ces difficultés en larguant lors d'un vol de navette une plate-forme qui sera récupérée quelques mois plus tard par une autre navette, et sur laquelle des études de longue durée pourront être effectuées dans une excellente microgravité ? Cette solution a été adoptée par les Européens avec leur plate-forme *Eureca,* qui pèse 3,5 t et emportera une charge utile de 1 t avant 1991 pour une première mission de six mois. *Eureca* sera utilisée pour d'autres vols, puis transformée pour devenir une plate-forme co-orbitante accompagnant la station spatiale internationale.

L'astronaute Bruce McCandless (46 ans à l'époque) est en février 1984 le héros de la dixième mission de la navette. Au cours d'une sortie dans la soute de *Challenger,* il répète (à droite) les opérations nécessaires à la réparation ultérieure d'un satellite en perdition, *Solarmax,* mais surtout il teste pour la première fois le merveilleux fauteuil volant, le MMU (ci-dessus) qui permet aux astronautes de manœuvrer librement jusqu'à plus de 100 m de leur avion spatial. D'une masse de 150 kg, le MMU est équipé de 24 petits moteurs-fusées à gaz comprimé.

L'homme-satellite coupe le cordon ombilical avec son vaisseau et se déplace seul dans le cosmos

La station spatiale de la NASA ne sera pas seulement un centre de recherche transformable en atelier ou en usine du cosmos. Ce sera également une base d'opérations sur orbite, permettant par exemple d'intervenir sur des satellites ou des plates-formes co-orbitantes, ou encore sur des engins spatiaux que des remorqueurs iront chercher sur d'autres orbites. Il est ainsi déjà prévu que le grand télescope spatial de la NASA, un extraordinaire instrument avec un miroir de 2,4 m de diamètre, sera entretenu dans l'espace à partir de la station.

Dans ce domaine d'activité aussi, la navette permet aux Américains d'acquérir une précieuse expérience. Le principal problème posé est celui du travail des astronautes hors de leur vaisseau spatial. De nombreuses sorties dans l'espace ont déjà été effectuées lors des vols Gemini, Apollo et Skylab. Mais les missions de la navette ont permis de franchir une étape décisive : grâce à un fauteuil-fusée (en anglais *Manned Maneuvering Unit* ou MMU), les astronautes peuvent s'éloigner seuls de plusieurs centaines de mètres dans l'espace. Ils deviennent des hommes-satellites, capables de rejoindre des objets spatiaux, de s'y amarrer, d'y procéder à divers travaux. En février 1984,

western uni
WESTAR

Bruce McCandless devient le premier homme à couper tout lien avec son vaisseau spatial : un astronaute seul sur fond de cosmos et de Terre...

Cette expérience est suivie d'une opération encore plus spectaculaire en avril 1984 : George Nelson et James Van Hoften «capturent» le satellite *Solarmax*, le fixent dans la soute de *Challenger*, parviennent à réparer ses équipements défaillants et à le relancer. Le premier dépannage de l'espace est un fantastique succès. En novembre 1984, pour le quatorzième vol de la navette, les astronautes de la NASA doublent la mise : ce sont deux satellites de télécommunications, *Westar-C* et *Palapa-B2*, qu'ils attrapent dans l'espace et installent dans la soute de *Discovery*. Ces satellites étaient restés bloqués sur une orbite proche de la Terre après leur largage par *Challenger* neuf mois auparavant. Ils sont ramenés sur Terre et remis en état en vue d'un nouveau lancement... Les premiers satellites d'occasion sont à vendre !

Au 25ᵉ vol, celui de *Challenger*, le programme américain bascule dans le drame

Après vingt-quatre vols de la navette réussis entre 1981 et 1985, tout paraît possible aux diaboliques astronautes américains. Les vols spatiaux semblent si faciles que tout un chacun devrait pouvoir y participer ! En janvier 1986, pour la première fois, une simple citoyenne américaine, enseignante de son état, Christa McAuliffe, va pouvoir faire partager son expérience à tous les enfants américains. La conquête de l'espace n'apparaît plus comme une aventure risquée, mais comme une grande fête... Il faut la tragédie que l'on sait pour que l'aventure spatiale cesse d'être vue comme une entreprise facile et sans risque. Elle exige une attention de tous les instants, une organisation sans faille, une volonté tenace, et doit rester l'affaire des astronautes professionnels. Pour l'avoir oublié, la NASA doit faire face à une situation très difficile, à une crise de doute aiguë en ses capacités.

Au début du siècle prochain, les astronautes européens seront présents dans l'espace

Les Européens peuvent-ils rester absents de cette astronautique habitée qui prend de plus en plus d'importance ? Peuvent-ils se contenter de construire

Patrick Baudry (à gauche) était la doublure de Jean-Louis Chrétien (à droite) pour le vol franco-soviétique de 1982. En 1985, la situation est inversée pour une mission conjointe franco-américaine, et Patrick Baudry devient à 39 ans le second Français de l'espace : il participe du 17 au 24 juin à un vol de la navette *Discovery*, et se consacre essentiellement à des études sur l'effet de l'absence de pesanteur sur le système cardio-vasculaire. Au cours de cette mission, la 18ᵉ d'une navette, *Discovery* avait à son bord 7 astronautes, parmi lesquels un second non-américain, le Saoudien Abdelaziz-Al-Saud.

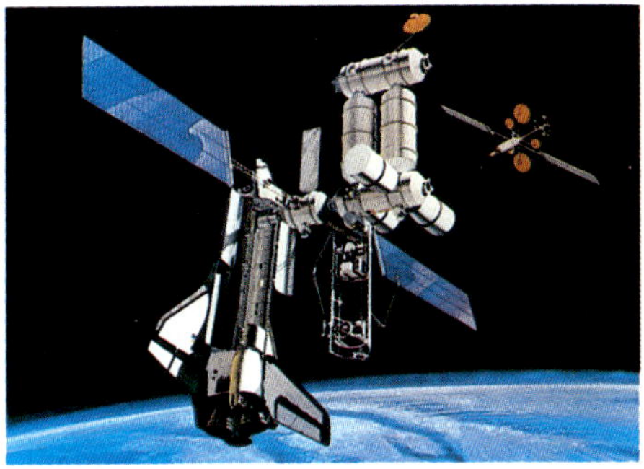

des fusées conventionnelles, aussi compétitives soient-elles, et de lancer des satellites automatiques, même si ceux-ci ont une grande valeur commerciale ? Dans les décennies à venir, le travail des astronautes et des cosmonautes à bord des grandes stations orbitales transformera profondément les activités spatiales et atténuera la distinction entre engins automatiques et habités. Les stations spatiales feront largement appel à l'automatisation des tâches de routine afin de libérer les équipages pour des activités difficiles ou créatives. Inversement, les satellites dits automatiques feront appel un jour ou l'autre à l'intervention d'hommes ou de robots venus des stations spatiales. Peu à peu le cosmos deviendra une zone industrielle !

Dès aujourd'hui, l'Europe participe au programme de navette avec son *Spacelab,* et doit en principe fournir un module *Columbus* à la grande station de la NASA. En outre, certains de ses citoyens sont invités à participer à des missions scientifiques américaines et soviétiques ; les spationautes français Jean-Loup Chrétien et Patrick Baudry ont bénéficié de telles opportunités. Les Européens n'ont cependant pas la maîtrise de ces activités humaines dans l'espace. Ils dépendent entièrement de la bonne volonté de leurs partenaires soviétique ou surtout américain. Un *Spacelab* ou un module *Columbus* tout seul n'a aucune valeur : il ne dispose d'aucune autonomie par rapport à la navette ou à la station, et l'Europe n'a aucun moyen d'y envoyer elle-même des astronautes...

Pour avoir sa place dans l'avenir spatial, l'Europe doit être capable de réaliser par elle-même des vols habités. Ce constat a été fait en janvier 1985 à Rome par les ministres européens en charge des affaires spatiales. Il a conduit à une décision fondamentale : l'Europe sera

La station spatiale que la NASA espère mettre en service vers 1994-1995 sera modulaire, ce qui lui permettra d'évoluer et de grossir très facilement. Au départ, elle comprendra certainement quatre modules cylindriques américains (deux pour l'habitation et deux pour les expériences scientifiques et techniques), un module européen (le fruit du programme Columbus) et un module japonais. Son équipage sera alors de 6 à 8 astronautes. Elle évoluera à environ 500 km d'altitude et sera accompagnée dans sa ronde autour de la Terre par des plates-formes non habitées en permanence et des satellites automatiques auxquels ses astronautes rendront parfois visite.

complètement autonome dans l'espace au début du prochain siècle. Elle disposera de sa propre station orbitale, et du vaisseau habité nécessaire pour desservir celle-ci.

Ariane et *Hermès* transporteront hommes et matériel vers les stations spatiales

Le programme Columbus ne comprendra pas simplement la fourniture d'un module expérimental (un cylindre de 4 m de diamètre et de 15 m de long) à la station de la NASA. Il inclura également la réalisation d'un second module expérimental qui pourra être attaché à un module de servitude pour constituer une station indépendante, disposant en propre de sa source d'énergie, de son système de propulsion et de tous les moyens nécessaires à la vie des astronautes. Mais cette station *Columbus* ne suffira pas à elle seule à rendre l'Europe autonome. Ses éléments devront encore être lancés par une fusée européenne ; *Ariane-5,* et ses astronautes transportés par un vaisseau européen, *Hermès*.

En fait, l'ensemble *Ariane-5 / Hermès* constitue un système de transport spatial complet, utilisable aussi bien pour des satellites automatiques que pour des éléments de station ou des astronautes. *Ariane-5* est une toute nouvelle fusée, comprenant un gros étage central flanqué de deux *boosters* analogues à ceux de la navette. Elle peut placer une charge utile de 15 t près de la Terre, ou envoyer 8 t vers l'orbite géostationnaire, ou encore satelliser *Hermès*. Ce petit avion spatial de 17 t, de la taille d'un Mirage 2000, peut accueillir six astronautes et 4,5 t de fret.

Hermès est-il une mini-navette ? Pas du tout. Il s'agit simplement d'un vaisseau réutilisable, capable de revenir se poser sur un aéroport après une mission orbitale, et non d'un lanceur réutilisable, qui incorpore comme la navette les puissants moteurs-fusées nécessaires à la mise en orbite. Il est donc beaucoup plus petit et plus léger que l'avion spatial de la NASA, ce qui a un énorme avantage sur le plan de la sécurité : il peut être équipé de moteurs de secours permettant de l'arracher à sa fusée porteuse *Ariane-5* en cas d'accident.

Les premiers vols d'*Ariane-5* et d'*Hermès* sont prévus aux environs de 1995. L'avion spatial européen effectuera d'abord des vols solitaires (avec des instruments dans sa soute), avant de transporter des hommes et du matériel vers la station de la NASA (comprenant un module

Columbus) et éventuellement la base spatiale soviétique. Ensuite, à partir de 2005 environ, il sera utilisé pour desservir la station autonome européenne.

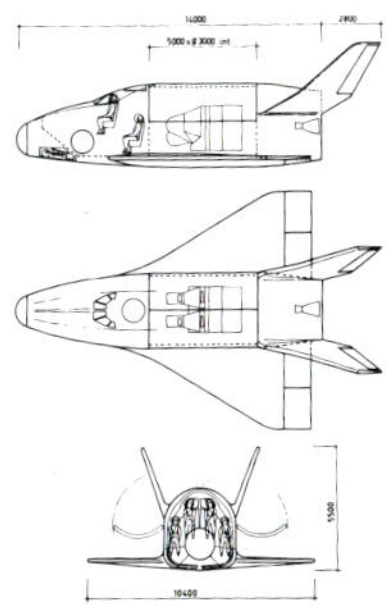

Les richesses du cosmos : la microgravité, l'énergie, les matières premières

Au début du troisième millénaire, l'Union soviétique, les États-Unis et l'Europe, ainsi peut-être que le Japon, seront donc installés à demeure dans l'espace. Quels seront les objectifs à long terme de ce qui apparaît de plus en plus comme une expansion irréversible de l'humanité dans le cosmos ? Le plus important sera la mise en exploitation des richesses de l'espace et l'industrialisation de celui-ci.

Quelles sont ces richesses ? La première est l'absence de pesanteur, ou plus précisément la microgravité déjà évoquée. Son utilisation au bénéfice de l'électronique, de la pharmacie, de la métallurgie pourrait conduire très vite à l'apparition d'ateliers ou de petites usines cosmiques. Mais l'espace ne manque pas d'autres ressources. L'énergie y abonde : chaque mètre carré de surface exposée aux rayons solaires reçoit un flux de 1400 W... Cette énergie peut servir à alimenter les usines spatiales, ou bien être recueillie et envoyée sur la Terre !

Lorsque l'industrialisation de l'espace se développera,

C'est au sommet d'une fusée *Ariane-5* qu'*Hermès* s'envolera depuis Kourou pour voguer dans l'espace, comme on le voit sur cette peinture préfigurant le premier vol de l'avion spatial français.

il sera tout à fait rationnel d'installer sur la Lune des mines, des usines de traitement des minerais sélènes et des installations de lancement pour envoyer les matières premières obtenues vers les centres industriels spatiaux... L'oxygène sera sans doute l'une des premières substances extraites de la Lune : elle se trouve en abondance dans les roches lunaires sous forme d'oxydes métalliques ; une fois liquéfiée, elle pourra servir de propergols pour tous les véhicules de transport spatial évoluant dans le système Terre-Lune.

La colonisation du système solaire

Apparemment, un large fossé sépare encore les stations spatiales de la fin du siècle, avec leurs équipages qui ne dépasseront pas quelques dizaines de personnes, des grands projets d'industrialisation du cosmos, avec des mines sur la Lune et certains astéroïdes, des centrales solaires spatiales, et qui sait même, le déplacement en orbite des industries les plus polluantes, dans le but de purifier la biosphère terrestre...

En fait cependant, l'installation de quelques hommes à bord des premières stations spatiales permanentes est vraiment le point de départ de la colonisation du système solaire. Les stations orbitales peuvent en effet grossir presque indéfiniment par adjonction de modules, se multiplier, se déplacer à des distances de plus en plus grandes de la Terre, devenir les chantiers d'assemblage des vaisseaux d'exploration de la Lune et des planètes, puis les ports d'où partent et où reviennent les expéditions lointaines, scientifiques d'abord, commerciales ensuite.

En 1985, le président Ronald Reagan a demandé à un groupe d'experts de la Commission nationale de l'espace d'imaginer pour les États-Unis un plan spatial ambitieux à l'horizon des 50 années à venir. Le calendrier envisagé par ce groupe donne une idée de la vitesse avec laquelle pourrait se propager l'occupation du système solaire par l'homme. 2005, retour sur la Lune ; 2015, installation d'une base permanente et d'un centre industriel lunaire ; 2017, débarquement d'astronautes sur Mars ; 2035, établissement d'une colonie martienne... Avec l'avènement des stations spatiales permanentes, la colonisation du cosmos commence. Elle sera la grande affaire des siècles prochains. L'homme n'est plus seulement une créature terrestre. Il est déjà un habitant du système solaire.

Après la Lune, Mars. C'est le second astre sur lequel l'homme posera le pied. Il s'agit en effet de l'objet céleste le plus habitable : la pesanteur y est inférieure à celle qui règne sur la Terre, les jours y durent à peine plus de 24 h, de grandes quantités d'eau sont stockées dans les calottes polaires et le sous-sol. Certes, il y fait très froid et l'atmosphère de gaz carbonique y est très mince, mais la vie sous globe est certainement envisageable. La conquête de Mars interviendra dès les premières décennies du XXIe siècle, en parallèle avec l'industrialisation du Cosmos proche de la Terre. Le premier voyage durera vraisemblablement trois ans : 9 mois pour l'aller, autant pour le retour et 18 mois de séjour sur la planète. Qui fera le voyage ? Américains ou Soviétiques ? Il semble que les Soviétiques aient bientôt les moyens de se lancer dans cette gigantesque aventure et qu'ils viseraient une arrivée sur Mars dès 2004 ! Mais les États-Unis s'intéressent aussi à l'exploration humaine de Mars. Et l'on pourrait rêver d'une mission internationale, associant les Américains et les Soviétiques, et aussi, pourquoi pas, les Européens... Un merveilleux lever de rideau pacifique pour le troisième millénaire...

TÉMOIGNAGES ET DOCUMENTS

L'espace dans les rêves,
l'espace dans les faits.

Le rêve des philosophes

On n'a pas toujours cru au progrès. Tant que l'on pensait que tout avait été fabriqué en six jours par un dieu tout-puissant, on n'a pas pu imaginer de changements très spectaculaires. C'est à la fin du XVIIe siècle que s'impose l'idée de progrès. Elle va rapidement devenir une véritable foi en l'avenir, comme l'expose ici Fontenelle (1657-1757) en prédisant de futurs voyages dans la Lune.

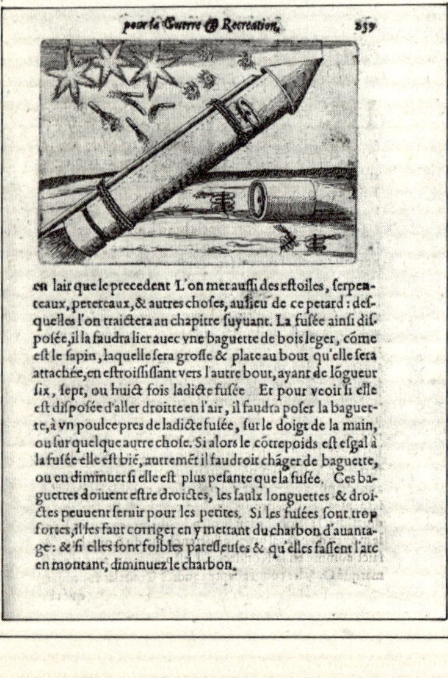

pour la Guerre & Recreation. 257

en lair que le precedent L'on met aussi des estoiles, serpenteaux, petereaux, & autres choses, au lieu de ce petard : desquelles l'on traictera au chapitre suyuant. La fusée ainsi disposée, il la faudra lier auec vne baguette de bois leger, cõme est le sapin, laquelle sera grosse & plate au bout qu'elle sera attachée, en estroississant vers l'autre bout, ayant de lõgueur six, sept, ou huict fois ladicte fusée Et pour veoir si elle est disposée d'aller droitte en l'air, il faudra poser la baguette, à vn poulce pres de ladicte fusée, sur le doigt de la main, ou sur quelque autre chose. Si alors le cõtrepoids est esgal à la fusée elle est biẽ, autremẽt il faudroit chãger de baguette, ou en diminuer si elle est plus pesante que la fusée. Ces baguettes doiuent estre droictes, les saulx longuettes & droictes peuuent seruir pour les petites. Si les fusées sont trop fortes, il les faut corriger en y mettant du charbon d'auantage : & si elles sont foibles paresseuses & qu'elles fassent l'arc en montant, diminuez le charbon.

J'ai une pensée très ridicule, qui a un air de vraisemblance qui me surprend ; je ne sais où elle peut l'avoir pris, étant aussi impertinente qu'elle est. Je gage que je vais vous réduire à avouer, contre toute raison, qu'il pourra y avoir un jour du commerce entre la terre et la lune. Remettez-vous dans l'esprit l'état où était l'Amérique avant qu'elle eût été découverte par Christophe Colomb. Ses habitants vivaient dans une ignorance extrême. Loin de connaître les sciences ils ne connaissaient pas les arts les plus simples et les plus nécessaires. Ils allaient nus, ils n'avaient point d'autres armes que l'arc ; ils n'avaient jamais conçu que des hommes pussent être portés par des animaux ; ils regardaient la mer comme un grand espace défendu aux hommes, qui se joignait au ciel, et au-delà duquel il n'y avait rien. Il est vrai qu'après avoir passé des années entières à creuser le tronc d'un gros arbre avec des pierres tranchantes ils se mettaient sur la mer dans ce tronc et allaient terre à terre portés par le vent et par les flots. Mais comme ce vaisseau était sujet à être souvent renversé, il fallait qu'ils se missent aussitôt à la nage pour le rattraper, et à proprement parler, ils nageaient toujours, hormis le temps qu'ils s'y délassaient. Qui leur eût dit qu'il y avait une sorte de navigation incomparablement plus parfaite, qu'on pouvait traverser cette étendue infinie d'eaux de tel côté et de tel sens qu'on voulait, qu'on s'y pouvait arrêter sans mouvement au milieu des flots émus, qu'on était de la vitesse avec laquelle on allait ; qu'enfin cette mer, quelque vaste qu'elle fût, n'était point un obstacle à la communication des peuples, pourvu seulement qu'il y eût des peuples au-delà : vous pouvez compter qu'ils ne l'eussent jamais cru. Cependant voilà un

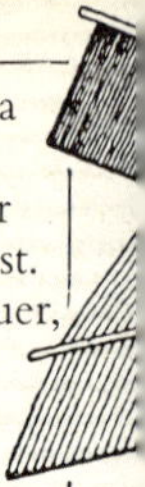

Des ailes, ou plutôt des pales accrochées sur le dos, Besnier, un contemporain de Fontenelle, tente de s'envoler, en 1678.

beau jour le spectacle du monde le plus étrange et le moins attendu qui se présente à eux. De grands corps énormes qui paraissent avoir des ailes blanches, qui volent sur la mer, qui vomissent du feu de toutes parts, et qui viennent jeter sur le rivage des gens inconnus, tout écaillés de fer, disposant comme ils veulent de monstres qui courent sous eux, et tenant en leur main des foudres dont ils terrassent tout ce qui leur résiste. D'où sont-ils venus ? Qui a pu les amener par-dessus les mers ? Qui a mis le feu en leur disposition ? Sont-ce les enfants du soleil ? car assurément ce ne sont pas des hommes. Je ne sais, Madame, si vous entrez comme moi dans la surprise des Américains ; mais jamais il ne peut y en avoir une pareille dans le monde. Après cela, je ne veux plus jurer qu'il ne puisse y avoir commerce quelque jour entre la lune et la terre. Les Américains eussent-ils cru qu'il eût dû y en avoir entre l'Amérique et l'Europe, qu'ils ne connaissaient seulement pas ? Il est vrai qu'il faudra traverser ce grand espace d'air et de ciel qui est entre la terre et la lune. Mais ces grandes mers paraissaient-elles aux Américains plus propres à être traversées ?

– En vérité, dit la marquise en me regardant, vous êtes fou.

– Qui vous dit le contraire ? répondis-je.

– Mais je veux vous le prouver, reprit-elle ; je ne me contente pas de l'aveu que vous en faites. Les Américains étaient si ignorants qu'ils n'avaient garde de soupçonner qu'on pût se faire des chemins au travers de mers si vastes ; mais nous qui avons tant de connaissances, nous nous figurerions bien qu'on pût aller par les airs, si l'on pouvait effectivement y aller.

– On fait plus que se figurer la chose possible, répliquai-je, on commence déjà à voler un peu ; plusieurs personnes différentes ont trouvé le secret de s'ajuster des ailes qui les soutinssent en l'air, de leur donner du mouvement, et de passer par-dessus des rivières. A la vérité, ce n'a pas été un vol d'aigle, et il a quelquefois coûté à ces nouveaux oiseaux un bras ou une jambe ; mais enfin, cela ne représente encore que les premières planches que l'on a mises sur l'eau, et qui ont été le commencement de la navigation. De ces planches-là, il y avait bien loin jusqu'à de gros navires qui pussent faire le tour du monde. Cependant peu à peu sont venus les gros navires. L'art de voler ne fait encore que de naître ; il se perfectionnera, et quelque jour on ira jusqu'à la lune. Prétendons-nous avoir découvert toutes choses, ou les avoir mises à un point qu'on n'y puisse rien ajouter ? Eh ! de grâce, consentons qu'il y ait encore quelque chose à faire pour les siècles à venir.

Fontenelle, *Entretiens sur la pluralité des mondes, 1686*

De la Terre à la Lune

Pour son second grand roman après le Voyage au centre de la Terre (1864), Jules Verne installe ses conquérants de l'espace dans un obus creux tiré par un canon énorme. Il faut dire que le promoteur de l'entreprise, J. T. Maston, est un fanatique de l'artillerie.

Jusqu'au soir, une agitation sourde, sans clameur, comme celle qui précède les grandes catastrophes, courut parmi cette foule anxieuse. Un indescriptible malaise régnait dans les esprits, une torpeur pénible, un sentiment indéfinissable qui serrait le cœur. Chacun aurait voulu « que ce fût fini ».

Cependant, vers sept heures, ce lourd silence se dissipa brusquement. La lune se levait sur l'horizon. Plusieurs millions de hurrahs saluèrent son apparition. Elle était exacte au rendez-vous. Les clameurs montèrent jusqu'au ciel ; les applaudissements éclatèrent de toutes parts, tandis que la blonde Phœbé brillait paisiblement dans un ciel admirable et caressait cette foule enivrée de ses rayons les plus affectueux.

En ce moment parurent les trois intrépides voyageurs. A leur aspect les cris redoublèrent d'intensité. Unanimement, instantanément, le chant national des États-Unis s'échappa de toutes les poitrines haletantes, et le *Yankee doodle*, repris en chœur par cinq millions d'exécutants, s'éleva comme une tempête sonore jusqu'aux dernières limites de l'atmosphère.

Puis, après cet irrésistible élan, l'hymne se tut, les dernières harmonies s'éteignirent peu à peu, les bruits se dissipèrent, et une rumeur silencieuse flotta au-dessus de cette foule si profondément impressionnée. Cependant, le Français et les deux Américains avaient franchi l'enceinte réservée autour de laquelle se pressait l'immense foule. Ils étaient accompagnés des membres du Gun-Club et des députations envoyées par les observatoires européens. Barbicane, froid et calme, donnait tranquillement ses derniers ordres, Nicholl, les lèvres serrées, les mains croisées derrière le dos, marchait d'un pas ferme et mesuré.

“ – Ainsi, le véhicule te plaît, demanda Barbicane à son ami ?
– Oui, Oui, sans doute, répondit Michel Ardan. Je regrette seulement que ses formes ne soient pas plus effilées, son cône plus grâcieux...”

Michel Ardan, toujours dégagé, vêtu en parfait voyageur, les guêtres de cuir aux pieds, la gibecière au côté, flottant dans ses vastes vêtements de velours marron, le cigare à la bouche, distribuait sur son passage de chaleureuses poignées de main avec une prodigalité princière. Il était intarissable de verve, de gaieté, riant, plaisantant, faisant au digne J.- T. Maston des farces de gamin, en un mot « Français », et, qui pis est, « Parisien » jusqu'à la dernière seconde.

Dix heures sonnèrent. Le moment était venu de prendre place dans le projectile ; la manœuvre nécessaire pour y descendre, la plaque de fermeture à visser, le dégagement des échafaudages penchés sur la gueule de la Columbiad exigeaient un certain temps.

Barbicane avait réglé son chronomètre à un dixième de seconde près sur celui de l'ingénieur Murchison, chargé de mettre le feu aux poudres au moyen de l'étincelle électrique ; les voyageurs enfermés dans le projectile pourraient ainsi suivre de l'œil l'impassible aiguille qui marquerait l'instant précis de leur départ.

Le moment des adieux était donc arrivé. La scène fut touchante ; en dépit de sa gaieté fébrile, Michel Ardan se sentit ému. J.-T. Maston avait retrouvé sous ses paupières sèches une vieille larme qu'il réservait sans doute pour cette occasion. Il la versa sur le front de son cher et brave président.

« Si je partais ? dit-il, il est encore temps !

– Impossible, mon vieux Maston », répondit Barbicane.

Quelques instants plus tard, les trois compagnons de route étaient installés dans le projectile, dont ils avaient vissé intérieurement la plaque d'ouverture, et la bouche de la Columbiad, entièrement dégagée, s'ouvrait librement vers le ciel.

Nicholl, Barbicane et Michel Ardan étaient définitivement murés dans leur wagon de métal.

Qui pourrait peindre l'émotion universelle, arrivée alors à son paroxysme ?

La lune s'avançait sur un firmament d'une pureté limpide, éteignant sur son passage les feux scintillants des étoiles ; elle parcourait alors la constellation des Gémeaux et se trouvait presque à mi-chemin de l'horizon et du zénith. Chacun devait donc facilement comprendre que l'on visait en avant du but, comme le chasseur vise en avant du lièvre qu'il

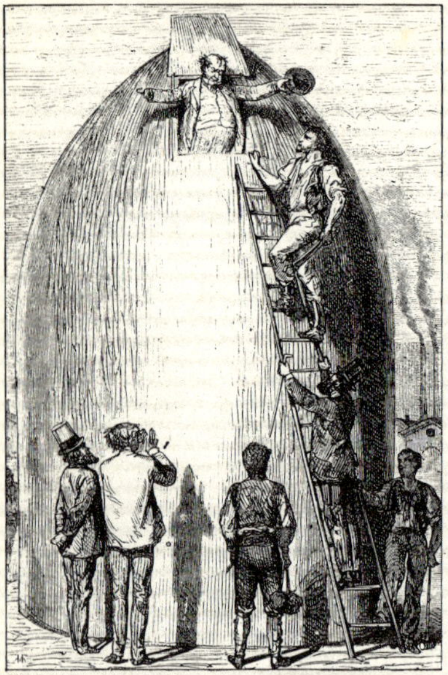

❝ Bientôt le secrétaire du Gun-Club apparut au sommet du cône dans une attitude triomphante. Il avait engraissé ! ❞

❝ Qu'allaient-ils découvrir dans le champ de ce télescope qui grossissait 48 000 fois les objets observés ? Des populations, des troupeaux d'animaux lunaires, des villes, des lacs ? ❞

veut atteindre.

Un silence effrayant planait sur toute cette scène. Pas un souffle de vent sur la terre ! Pas un souffle dans les poitrines ! Les cœurs n'osaient plus battre. Tous les regards effarés fixaient la gueulle béante de la Columbiad.

Murchison suivait de l'œil l'aiguille de son chronomètre. Il s'en fallait à peine de quarante secondes que l'instant du départ ne sonnât, et chacune d'elles durait un siècle.

A la vingtième, il y eut un frémissement universel, et il vint à la pensée de cette foule que les audacieux voyageurs enfermés dans le projectile comptaient aussi ces terribles secondes ! Des cris isolés s'échappèrent :

« Trente-cinq ! – trente-six ! – trente-sept ! – trente-huit ! – trente-neuf ! – quarante ! Feu !!! »

Aussitôt Murchison, pressant du doigt l'interrupteur de l'appareil, rétablit le courant et lança l'étincelle électrique au fond de la Columbiad.

Une détonation épouvantable, inouïe, surhumaine, dont rien ne saurait donner une idée, ni les éclats de la foudre, ni le fracas des éruptions, se produisit instantanément. Une immense gerbe de feu jaillit des entrailles du sol comme d'un cratère. La terre se souleva, et c'est à peine si quelques personnes purent un instant entrevoir le projectile fendant victorieusement l'air au milieu des vapeurs flamboyantes.

Jules Verne,
De la terre à la lune, 1865.

❝ Une immense gerbe de feu jaillit des entrailles du sol comme d'un cratère. La terre se souleva, et c'est à peine si quelques personnes purent un instant entrevoir le projectile fendant victorieusement l'air au milieu des vapeurs flamboyantes. ❞

La Lune en bande dessinée

Plus on se rapproche de l'époque moderne, plus le voyage se fait réaliste. Les albums de Hergé (Georges Rémi, 1907-1983) feront rêver deux générations, parce que justement ils sont très proches de ce qu'imaginaient alors les scientifiques des années cinquante.
En 1969, Hergé dessinera d'ailleurs le vrai voyage d'Apollo-11. L'histoire imaginaire et la réalité sont ici mises en parallèle.

Rencontre historique : le père de Tintin et l'astronaute américain Franck Borman, à Bruxelles, le 2 juillet 1969.

Encore dix secondes... Neuf... Huit... Sept... Six... Cinq... Quatre... Trois... Deux... Une...
Allo ! allo !... Ici la Terre... Il reste encore douze minutes...
Mon Dieu ! C'est horrible... Et si j'avais fait une erreur dans mes calculs !... Ce serait épouvantable !... Mais non, ce n'est pas possible... Et pourtant...
Encore dix minutes...
Encore cinq minutes...
Mon vieux Tintin, tu as déjà vécu pas mal d'aventures, mais je me demande si celle-ci ne sera pas la toute dernière...
Encore quatre minutes...
Milou !... Milou !... Viens vite te coucher !...
Me coucher ?... Pourquoi ?... Je ne suis pas fatigué...
Encore trois minutes...
Qu'est-ce que je suis venu faire dans cette galère ?... Et quand je pense que c'est moi qui ai rendu la mémoire à ce cornichon de Tournesol !
Encore deux minutes...
Qu'ai je fait, qu'ai-je fait ? Comment ai-je pu me laisser entraîner dans cette épouvantable histoire ?
Encore une minute...
Une minute ?... Avant quoi ?...
Ou bien la Fusée s'élèvera comme prévu ou bien tout sautera lorsque je presserai sur ce bouton !...
Attention !... Préparez-vous !... Il reste encore exactement trente secondes...
Encore vingt secondes...
D'où proviennent ces coups sourds et réguliers ?...
BOUM BOUM BOUM
Ce sont les battements de mon propre cœur !...
Attention !... Encore dix secondes !...
Ça y est !... Le sort en est jeté !... Pourvu que tout se passe comme nous l'avons prévu !...
Neuf... Huit... Sept... Six... Cinq... Quatre... Trois... Deux... Une... ZÉRO...
A la grâce de Dieu !...

A présent, nous nous séparons du deuxième étage...
Oooh!... Quelle terrible impression d'écrasement!...
Mille sabords!... C'est comme si j'avais un éléphant sur le dos!...
Les voilà partis!... Ils doivent avoir perdu connaissance... Et maintenant, à la Station de Contrôle!
Observatoire à Station Contrôle... Nous suivons la marche de la Fusée... Tout se passe conformément aux calculs établis.
Observatoire à Station Contrôle... La Fusée est à 800 km. de la Terre. Le moteur auxiliaire vient de s'arrêter, relayé automatiquement par le moteur atomique.
Entendu... Nous allons essayer d'entrer en contact avec la Fusée...
Allo, allo, ici la Terre... Ici la Terre... Allo, allo, Fusée lunaire... Répondez... Allo, allo, Fusée lunaire... Répondez...

Hergé, *Objectif Lune*, Casterman, 1953.

USA
Allo, allo, ici fusée lunaire... C'est Tintin qui vous parle... Les effets du ralentissement commencent à se faire sentir...
De légères vibrations font trembler la fusée... Nous sommes aplatis sur nos couchettes... Le moindre mouvement demande un effort... pénible...
Nos tempes bourdonnent... Les vibrations sont de plus en plus fortes... La sensation d'écrasement s'accentue... Notre respi- ration devient difficile...
Nous sommes écrasés sur nos couchettes... par une force... irrésistible... Plus possible... remuer... Le profes- seur... évanoui... J'ai... j'ai... l'impression...
...que mon crâne... va... éclater!... Mes yeux... on dirait... on dirait... qu'ils vont sortir... de leurs orbites... Je... Mon cœur Ah! mon cœur...

Allo!...Le capi...le capitaine aussi...perdu connaissance... Oh! que je souffre!...La... la.. fusée...vibre...de toutes ses tôles...Pourvu...pourvu...qu'elle ne...ne...Aaah!...
...........crr... ...fttt....crrr...
Plus rien!...C'est fini!... Le malheureux a dû s'évanouir à son tour... Ah! ce silence...ce silence! C'est intolérable!
OUWOUWOUUH!!
OUWOUWOUH!!!
C'était le chien qui hurlait à la mort!...Il a dû perdre connaissance, lui aussi...

Hergé,
On a marché sur la Lune,
Casterman, 1951.

A force de croire en des rêves,
l'homme en fait une réalité.
Hergé
Dieu ! que je suis impatient de sortir !...
Restez bien tranquille, Bean, sans quoi nous serions obligés de vous recycler !
Cinq heures plus tard, Conrad touche le sol lunaire.
WHOOPEE !... Ce fut peut-être un petit pas pour Armstrong, mais un grand pour moi !
UNITED STATES
C'est quelques instants plus tard que Conrad a bousculé la caméra de télévision qui devait transmettre les images de leur exploit. Bean ayant rejoint son compagnon...
leur premier travail consiste à récolter des pierres lunaires et à mettre en place des instruments scientifiques
Pour leur seconde sortie, Conrad et Bean doivent arriver jusqu'à une épave gisant au fond d'un cratère : celle de Surveyor-3.
Elle est là !
Le premier, Bean descend prudemment la paroi du cratère. La couleur primitive de Surveyor-3 a disparu ; elle est maintenant ocre pâle.
On dirait qu'elle a été cuite par le soleil !...

L'Étoffe des héros

Quel est exactement l'état d'esprit des cosmonautes? Tom Wolfe (né en 1931) tente de répondre à cette question dans un roman qui évoque la formation des pilotes de jets expérimentaux, parmi lesquels seront recrutés les premiers cosmonautes.

Un jeune homme pouvait fort bien commencer son entraînement de pilote de chasse avec l'impression qu'il intégrait une espèce d'école technique où il allait acquérir un certain nombre de compétences. En réalité, il se retrouvait immédiatement au sein d'une fraternité. Dans cette fraternité, bien qu'elle fût militaire, on ne jugeait pas un homme selon qu'il était enseigne de vaisseau, lieutenant, capitaine de

frégate ou autre. Non, ici, le monde était divisé entre ceux qui l'avaient et ceux qui ne l'avaient pas. Mais cette qualité, ce *l'*, jamais on ne la nommait, jamais on n'en parlait, même.

Quant à sa nature, de toute évidence, elle exigeait de la bravoure. Mais il ne s'agissait pas ici de la bravoure bête qui consiste simplement à risquer sa vie, car cela, vraisemblablement, le premier imbécile venu en était capable, si c'était tout ce qu'on lui demandait, de même que le premier imbécile venu était capable de sacrifier sa vie s'il le fallait. Non, l'idée, ici (dans cette fraternité dévoreuse), c'était apparemment qu'un homme fût capable de s'envoler dans un bolide de fer et d'acier, de risquer sa peau, puis d'avoir le cran, le réflexe, l'expérience et le sang-froid de la sauver à la dernière seconde – pour recommencer le *lendemain* et le surlendemain et les jours suivants sans jamais s'arrêter –, même si la série ne devait jamais finir – et en définitive, dans le meilleur des cas, le faire pour une cause chère au cœur de

milliers de gens, de tout un peuple, d'une nation, de l'humanité, de Dieu. Il n'y avait pas d'épreuve particulière permettant de savoir si un pilote avait ou non cette vertu mais une série, apparemment infinie, de tests. Une carrière de pilote ressemblait à l'escalade de l'une de ces anciennes pyramides babyloniennes, les ziggourats, faites d'un nombre vertigineux de marches et de paliers, monuments d'une hauteur et d'un abrupt extraordinaires. L'idée était de prouver, à chaque étape de l'ascension de cette pyramide, que l'on était parmi les élus et les oints du Seigneur, parmi ceux qui avaient *l'étoffe*, qui pouvaient s'élever plus haut, toujours plus haut et même, Dieu aidant, finir un jour par rejoindre, au sommet, les quelques privilégiés, l'élite qui, seule, avait le pouvoir de faire pleurer les hommes, bref, la Confrérie de ceux qui avaient l'Étoffe.

Tom Wolfe, *l'Étoffe des héros*
trad. P. Guivarch, Gallimard 1982

2001, Odyssée de l'espace

Demain, avec la navette ou autrement, la Lune sera à un jet de pierre de la Terre. Comme l'exprime Arthur C. Clarke dans cette « novellisation » de son célèbre scénario, on dépasse les rêves les plus insensés de Léonard de Vinci : le rêve, c'est tous les jours.

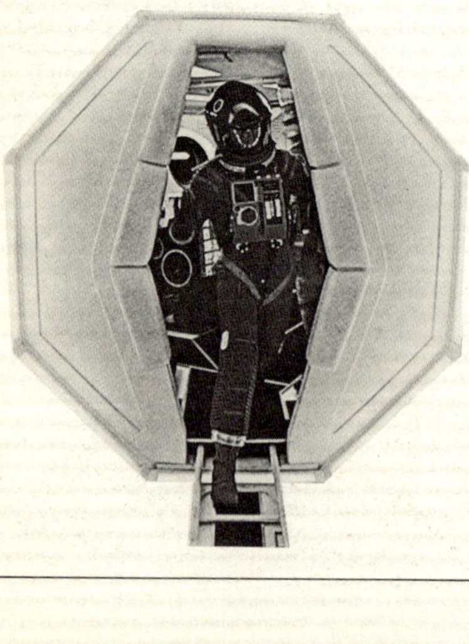

Il eut été difficile de dire à quel moment l'engin quitta la rampe mais, quand le grondement des fusées se fit soudain deux fois plus puissant et que Floyd sentit qu'il s'enfonçait de plus en plus dans son siège, il sut que les moteurs du premier étage venaient d'entrer en action. Il eut aimé regarder par le hublot mais il ne parvenait pas à bouger la tête. Pourtant, il n'éprouvait aucun malaise. La pression et le grondement des moteurs finissaient par engendrer une espèce d'euphorie extraordinaire. Les oreilles bourdonnantes, le sang battant dans ses veines, Floyd se sentait plus vivant que jamais, plus jeune. Il avait envie de chanter et il pouvait sans doute se le permettre puisque nul ne pouvait l'entendre.

Cette impression disparut rapidement et il se prit soudain à songer qu'il quittait la Terre et tout ce qu'il avait jamais aimé. Là, tout en bas, il y avait ses trois enfants qui n'avaient plus de mère depuis ce fatal voyage en Europe, dix ans auparavant. (Dix ans ? Impossible... Pourtant...) Il aurait dû sans doute se remarier, rien que pour eux...

Il avait presque perdu le sens du temps lorsque la pression et le bruit disparurent soudain. Le haut-parleur annonça :

– Attention à la séparation du premier étage !

Il y eut une légère vibration et Floyd, tout à coup, se souvint d'une citation de Léonard de Vinci qu'il avait lue une fois dans un bureau de la NASA :

Le grand oiseau prendra son vol
depuis le dos du grand oiseau
ramenant la gloire
au nid originel.

Eh bien, le grand oiseau volait, maintenant. Il dépassait les rêves de Léonard de Vinci et son compagnon épuisé revenait vers la Terre. Glissant au long d'un arc de dix mille milles, le premier étage regagnait l'atmosphère, retournant vers Cap Kennedy. D'ici quelques heures, vérifié et ravitaillé, il serait de nouveau prêt à emmener un autre compagnon vers les solitudes scintillantes que jamais il n'atteindrait.

Nous voici livrés à nous-mêmes, songea Floyd. Plus de la moitié du chemin était faite. L'accélération se manifesta de nouveau, mais plus légèrement, quand les fusées supérieures se déclenchèrent. Cela dépassait à peine la gravité normale. Mais il eut été impossible de marcher puisque le « haut » était constitué par le devant de la cabine. Si Floyd avait été assez stupide pour quitter son siège, il se serait écrasé sur la paroi opposée. C'était quelque peu déconcertant car on avait l'impression que le vaisseau était dressé sur sa queue. Floyd se trouvait sur l'avant et les autres sièges lui apparaissaient comme fixés à un mur

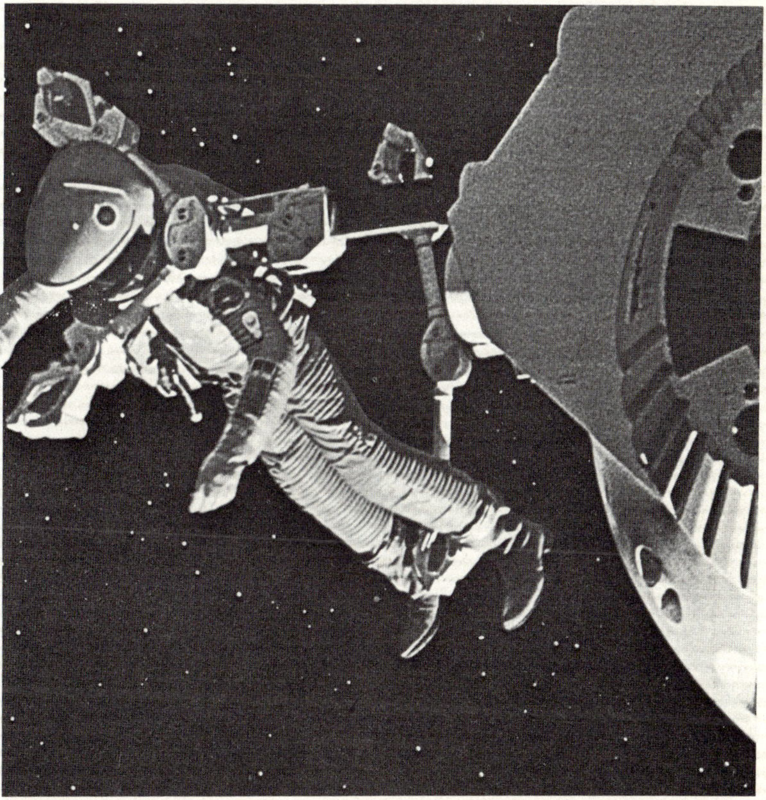

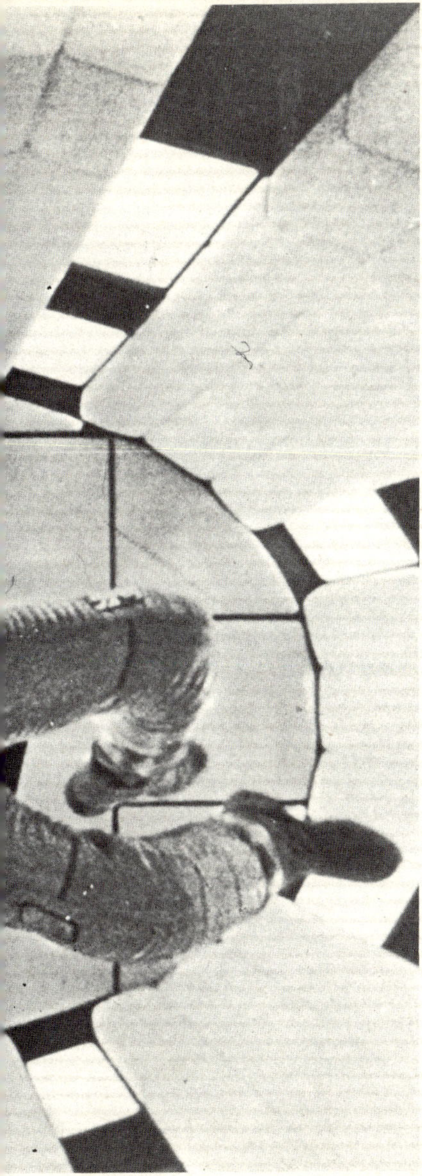

qui plongeait verticalement sous lui. Il fit de son mieux pour ignorer cette pénible illusion jusqu'au moment où l'aube se leva au-dehors.

En quelques secondes ils traversèrent des voiles écarlates, roses, dorés et bleus et surgirent dans l'éclatante blancheur du jour. En dépit du verre teinté des hublots, Floyd demeura pendant plusieurs minutes à demi aveuglé par les rayons du soleil qui se déplaçaient lentement dans la cabine. Bien qu'il fût en plein espace, il n'était pas question de pouvoir contempler les étoiles.

Il mit ses mains devant ses yeux et risqua un regard jusqu'au hublot. Au-dehors, un aileron brillait, comme chauffé à blanc dans l'éclat du soleil. Alentour, tout était obscur et cette obscurité était très certainement emplie d'étoiles qu'il était impossible de voir.

Le poids diminuait lentement. Les fusées s'éteignaient progressivement tandis que l'astronef se plaçait sur son orbite. Le tonnerre des moteurs devint un grondement étouffé, puis un timide sifflement qui fit place au silence. S'il n'avait pas été retenu par son harnais, Floyd aurait flotté hors de son siège. Son estomac, en tout cas, semblait bien vouloir prendre ce chemin. Il fit le souhait que les pilules qu'on lui avait données une demi-heure et dix mille milles auparavant fissent leur effet. Il avait eu le mal de l'espace une seule fois dans sa carrière et ç'avait été une fois de trop.

La voix du pilote se fit entendre, ferme et confiante :

– Veuillez observer les prescriptions zéro *g*. Nous aborderons la station n° 1 dans quarante-cinq minutes.

Arthur C. Clarke,
2001, Odyssée de l'espace

1957

21 août Lancement de la première fusée intercontinentale soviétique.
4 octobre Lancement du premier satellite artificiel, *Spoutnik* (83,6 kg).
3 novembre Satellisation de *Spoutnik 2,* avec la petite chienne Laïka à bord (508,3 kg).

1958

1er février Lancement du premier satellite américain, *Explorer 1.*
15 mai Mise sur orbite du satellite géophysique lourd, *Spoutnik 3* (1327 kg).

1959

2 janvier Départ de *Lunik 1* (362 kg), qui passera à 6000 km de la Lune le 4 janvier, avant de gagner une orbite solaire.
3 mars Premier tir américain vers la Lune réussi, avec *Pioneer 4* (6 kg).
12 septembre Lancement de *Lunik 2* (350 kg), qui va s'écraser sur la Lune le 13 septembre.
4 octobre Départ de *Lunik 3* (278,5 kg), qui photographiera la face cachée de la Lune.

1960

11 mars Lancement de *Pioneer 5,* qui fonctionnera sur orbite solaire jusqu'à 35 millions de km de la Terre.
15 mai Mise sur orbite du premier vaisseau cosmique (4540 kg), prototype du vaisseau pilotable soviétique *Vostok.*
10 août Mise sur orbite de *Discoverer 13,* dont la capsule sera le premier engin récupéré avec succès depuis l'espace.
19 août Départ du vaisseau cosmique n° 2, dont la cabine ramènera sur Terre le lendemain, pour la première fois, des êtres vivants (deux chiens) ayant été dans le cosmos.

1961

12 février Premier tir vers Vénus, avec *Vénus 1* (643,5 kg), qui tombera en panne bien avant de passer à 10000 km de son objectif, en mai.
12 avril Premier vol d'un homme dans l'espace, Youri Gagarine, à bord de Vostok.
5 mai Premier vol sub-orbital d'un astronaute américain, Alan Shepard, lors de la mission Mercury MR-3.
6 août Début du vol de 25 heures de *Vostok 2,* avec Gherman Titov à bord.

1962

20 février Premier voyage d'un Américain autour de la Terre, John Glenn, lors de la mission Mercury MA 6.
16 mars Satellisation du premier engin de la série « Cosmos » ; plus de 900 le suivront jusqu'en 1977, pour la plupart avec des missions militaires.
11 août Départ de *Vostok 3,* qui sera suivi le lendemain de *Vostok 4 ;* les 2 vaisseaux ne se rejoindront pas et reviendront après quatre mois et trois jours passés dans l'espace.
27 août Lancement de la sonde interplanétaire *Mariner 2,* qui survolera Vénus à 41000 km, le 14 décembre, en procédant à des observations.
1er novembre Premier tir vers Mars, avec la sonde soviétique *Mars 1,* qui cessera de fonctionner bien avant de passer à 193000 km de la planète rouge, le 19 juin 1963.

1963

15 mai Quatrième et dernier vol piloté du programme Mercury, d'une durée de 35 heures.
14 juin Départ de *Vostok 5,* qui sera suivi deux jours plus tard de *Vostok 6,* emportant la première (et seule jusqu'en 1977) femme de l'espace, Valentina Tereshkova ; les vaisseaux resteront respectivement cinq et trois jours dans le cosmos.

1964

29 janvier Premier tir orbital d'une fusée du programme Apollo, la *Saturn I,* qui satellise au total 17100 kg.
12 octobre Lancement du premier vaisseau piloté multiplace, Voskhod, dérivé du Vostok, avec un équipage de 3 hommes, pour un vol de 24 heures.

1965

18 mars Première sortie d'un homme hors de sa cabine, Alexei Leonov, pendant la mission d'une journée du vaisseau *Voskhod 2.*
23 mars Première mission pilotée de la cabine biplace américaine Gemini, d'une durée de 4 h 30 (vol Gemini 3).
6 avril Lancement du premier satellite de télécommunications de l'organisation internationale Intelsat : Early Bird.
3 juin Début de la mission de quatre jours *Gemini 4,* qui verra la première sortie d'un Américain dans l'espace.
16 juillet Premier tir orbital du lanceur lourd soviétique « Proton », qui satellise une charge utile de 12200 kg.
21 août Début de la mission record de Gemini 5 (huit jours).
26 novembre Premier lancement d'un satellite par une fusée ni américaine ni soviétique : Astérix (français), par un lanceur Diamant.
4 décembre Début de la mission record (quatorze jours) de Gemini 7.
15 décembre Départ de *Gemini 6,* qui réalisera le premier rendez-vous orbital en rejoignant *Gemini* 7 dans l'espace.

1966

31 janvier Lancement de *Luna 9* qui accomplira le premier alunissage en douceur, le 3 février.
16 mars Premier amarrage dans l'espace, entre la cabine *Gemini 8* et une cible Agena.
31 mars Départ de *Luna 10,* qui deviendra le 3 avril le premier satellite artificiel lunaire.
30 mai Lancement de *Surveyor 1,* qui sera la première sonde

américaine à alunir en douceur.

10 août Départ de *Luna Orbiter 1*, qui deviendra le premier satellite lunaire des États-Unis.

11 novembre Début de la dernière mission, *Gemini 12*, du programme Gemini.

1967

23 avril Premier vol piloté du vaisseau soviétique Soyouz, qui se terminera par la mort du cosmonaute Vladimir Komarov.

27 octobre Satellisation d'un prototype du Soyouz, *Cosmos 186*, auquel un autre vaisseau, *Cosmos 188*, s'amarrera automatiquement le 30 octobre.

9 novembre Premier tir de la fusée géante *Saturn 5*, qui satellise un prototype du vaisseau Apollo (mission Apollo 4).

1968

22 janvier Premier essai sur orbite terrestre d'un module lunaire Apollo (mission Apollo 5).

14 septembre Départ de *Zond 5*, un prototype de la version lunaire du Soyouz, pour un survol de la Lune suivi d'une récupération dans l'océan Indien.

11 octobre Début du premier vol piloté Apollo (mission Apollo 7), sur orbite terrestre, d'une durée de onze jours.

26 octobre Lancement de *Soyouz 3*, piloté par Beregovoï, qui reste quatre jours sur orbite et s'approche du *Soyouz 2* inhabité, satellisé la veille.

10 novembre Vol circumlunaire du vaisseau pilotable *Zond 6*, qui reviendra se poser en Union soviétique.

21 décembre Départ d'*Apollo 8*, qui va se satelliser autour de la Lune avec un équipage de 3 hommes.

1969

1er janvier Lancement de *Soyouz 4*, qui s'amarrera deux jours plus tard avec *Soyouz 5*, avant que deux cosmonautes ne passent d'un vaisseau dans l'autre.

3 mars Début de la mission Apollo 9, premier vol du vaisseau Apollo complet autour de la Terre.

18 mai Départ d'*Apollo 10*, pour une répétition sur orbite lunaire des opérations précédant un alunissage.

16 juillet Lancement d'*Apollo 11*, 2 astronautes poseront le pied sur la Lune le 21 juillet.

11 octobre Mise sur orbite de *Soyouz 6*, qui accomplira un vol groupé avec les *Soyouz* 7 et *8*, lancés les 12 et 13 octobre.

14 novembre Départ d'*Apollo 12*.

1970

11 février Le Japon devient le quatrième pays à satelliser, par ses propres moyens, un engin spatial, appelé Oshumi.

11 avril Départ d'*Apollo 13*, qu'une explosion obligera à revenir en catastrophe sur la Terre.

24 avril Lancement par la Chine de son premier satellite.

1er juin Début de la mission record de *Soyouz 9* (dix-huit jours).

12 septembre *Luna 16* part pour la Lune, pour prélever des échantillons qui seront ramenés automatiquement sur Terre, le 24 septembre.

10 novembre *Luna 17* emporte vers la Lune le premier véhicule automatique lunaire, *Lunakhod 1*.

1971

31 janvier Départ d'*Apollo 14*.

19 avril Satellisation de la première station orbitale, *Saliout 1*, par l'URSS.

6 juin L'équipage de *Soyouz 11* s'en va rejoindre la station orbitale *Saliout 1;* il trouvera la mort à son retour sur Terre, le 30 juin.

26 juillet Lancement d'*Apollo 15*.

1972

3 mars *Pioneer 10* s'élance vers Jupiter, qu'il frôlera à 130 000 km, le 3 décembre 1973, avant de devenir le premier engin qui quittera le système solaire.

16 avril Début de la mission Apollo 16.

7 décembre L'équipage de la dernière mission pilotée lunaire américaine, Apollo 17, s'envole vers la Lune.

1973

3 avril La station orbitale soviétique *Saliout 2* est satellisée, mais elle explosera quelques jours plus tard.

6 avril *Pioneer 11* part vers Jupiter, qu'il survolera le 3 décembre 1974 avant de poursuivre sa route vers Saturne, qui sera frôlée en 1979.

14 mai La station orbitale américaine *Skylab* est endommagée pendant sa mise sur orbite, mais elle pourra être remise en état par les astronautes qui l'occuperont (opération Skylab 1).

25 mai Un premier équipage part occuper *Skylab* vingt-huit jours (mission Skylab 2).

28 juillet Un second équipage part vers *Skylab* pour cinquante-neuf jours (mission Skylab 3).

27 septembre Reprise des vols pilotés soviétiques, avec la mission de deux jours de *Soyouz 12*.

16 novembre Début de la mission Skylab 4, la dernière du programme, au cours de laquelle un équipagc occupera Skylab pendant quatre-vingt-quatre jours.

18 décembre Départ de *Soyouz 13*, pour une mission astronomique de huit jours.

1974

24 juin La station orbitale soviétique *Saliout 3* est mise sur orbite ; elle sera rejointe le 12 juillet par *Soyouz 14*, dont l'équipage l'occupera dix-sept jours.

26 décembre Mise sur orbite de *Saliout 4*, qui sera occupé en 1975 par deux équipages, pour vingt-huit jours, puis pour soixante-trois jours.

1975

15 juillet Lancement des vaisseaux *Soyouz* et *Apollo* qui s'amarreront dans l'espace le 17 juillet.

1976

22 juin Mise sur orbite de *Saliout 5*, où deux équipages viendront travailler quarante-neuf jours (en juillet-août) et dix-sept jours (en février 1977).
15 septembre Satellisation de *Soyouz 22*, pour un vol de huit jours avec une caméra est-allemande.

1977

13 août Premier vol plané de la navette expérimentale *Enterprise*, qui est larguée à 7 600 m d'altitude depuis le dos d'un Boeing 747 avec Fred Haise et Gordon Fullerton aux commandes. La descente jusqu'à la piste de la base d'Edwards en Californie dure 5 min 15 s.
22 septembre Mise sur orbite de la station orbitale soviétique de seconde génération *Saliout 6*.
9 octobre Lancement du premier vaisseau habité, *Soyouz 25*, à destination de *Saliout 6*. *Soyouz 25*, à bord duquel se trouvent Vladimir Kovalenov et Valéry Rioumine, ne parvient pas à s'amarrer à *Saliout 6*.
10 décembre Début du vol record de Youri Romanenko et Georgi Gretchko (84 jours) qui partent rejoindre *Saliout 6* à bord de *Soyouz 26*.

1978

10 janvier Début de la première mission de visite de courte durée (8 jours) de *Saliout 6*. Vladimir Djanibekov et Oleg Makarov voyagent à bord de *Soyouz 27*.
20 janvier Lancement du premier vaisseau de ravitaillement cosmique, *Program 1*, qui rejoint *Saliout 6* automatiquement le 22 janvier.
9 mars Départ du premier homme de l'espace ni soviétique ni américain, le Tchèque Vladimir Remek, en compagnie du cosmonaute soviétique Alexei Goubarev. Les deux hommes séjournent une semaine dans *Saliout 6*.
15 juin Début de la mission record de Vladimir Kovalenov et Alexandre Ivanchenkov (139 jours) qui recevront à bord de *Saliout 6* la visite de deux équipages internationaux et déchargeront trois Progress.

1979

25 février Début de la mission record (175 jours) de Vladimir Liakhov et Valery Rioumine à bord de *Saliout 6*.
10 avril Départ du quatrième vol international entrepris par les Soviétiques, avec le cosmonaute bulgare Georgi Ivanov, mais la mission échoue lorsque *Soyouz 33* ne peut rejoindre *Saliout 6*.
24 décembre Premier vol L-01 de la fusée franco-européenne *Ariane*.

1980

9 avril Début de la mission record (184 jours) de Leonid Popov et Valery Rioumine.
5 juin Début du premier vol habité de la version améliorée *Soyouz T* du vaisseau de transport soviétique *Soyouz*.

1981

12 mars Départ du dernier équipage principal de *Saliout 7* composé de Vladimir Kovalenov et Victor Savinikh, pour une mission de 74 jours.
12 avril Début du premier vol orbital de la navette spatiale américaine. L'avion spatial *Columbia* piloté par John Young et Robert Crippen effectue une mission de 54 heures 21 minutes.
20 décembre Le lanceur Ariane est déclaré opérationnel après le succès du quatrième et dernier de ses vols expérimentaux, la mission L-04.

1982

19 avril Lancement de la station orbitale soviétique Saliout 7.
13 mai Début de la mission record (211 jours) de Anatoli Berezovoï et Valentin Lebedev à bord de *Saliout 7*.
24 juin Lancement du premier spationaute français Jean-Loup Chrétien, pour une mission d'une semaine dans la station *Saliout* 7.
4 juillet Atterrissage de l'avion spatial *Columbia* à l'issue de son quatrième vol spatial. La navette est déclarée opérationnelle.
10 septembre Échec de la mission Ariane-L5.

1983

4 avril Premier vol de la navette *Challenger*.
16 juin Reprise réussie des vols de la fusée *Ariane* avec la mission LG qui inaugure une série continue de 9 succès.
18 juin Départ de la première Américaine à voyager dans l'espace, Sally Ride, à bord de Challenger, lors de la septième mission d'une navette.
28 novembre Début de la première mission du laboratoire européen Spacelab, dans la soute de la navette *Columbia*. Un astronaute européen, Vifmurdold, participe à la mission qui dure 10 jours.

1984

3 février Début de la dixième mission d'une navette, qui voit Bruce McCandless effectuer le premier vol libre d'un astronaute en utilisant le fauteuil-fusée MMU pour s'éloigner de Challenger.
8 février Début du vol record (237 jours) des cosmonautes Leonid Kizim, Vladimir Soloviev et Oleg Atkov à bord de la station *Saliout* 7.
4 avril Début de la onzième mission d'une navette qui voit le premier dépannage de l'espace, celui du satellite américain *Solarmax*.
4 août Premier vol de la version améliorée *Ariane 3* vol

Ariane V-10.
30 août Premier vol de la navette *Discovery* (douzième mission d'une navette).
27 septembre Échec du lancement du vaisseau soviétique Soyouz*T10A*, lorsque la fusée prend feu juste avant le départ. La cabine est éjectée et l'équipage sauvé.
8 novembre Début de la quatorzième mission d'une navette *Discovery*, au cours de laquelle deux satellites en panne sont récupérés sur orbite et ramenés sur Terre.

1985

6 juin Départ du vaisseau *Soyouz T13*, dont l'équipage, Vladimir Djanibekov et Victor Savinikh, parvient à remettre en état la station *Saliout* 7.
17 juin Début de la dix-huitième mission d'une navette *Discovery*, à bord de laquelle se trouve le Français Patrick Baudry, qui effectue un vol de 7 jours.
12 septembre Échec du tir *Ariane V15*.
17 septembre Départ du vaisseau soviétique *Soyouz T14*, dont l'équipage va remplacer partiellement celui de *Soyouz T13*, dans ce qui est la première relève de l'équipage d'une station spatiale.
3 octobre Début du premier vol de la quatrième navette de la Nasa, *Atlantis*.
21 novembre Retour prématuré de l'équipage de la station *Saliout* 7 à cause d'une maladie survenue chez l'un des cosmonautes, Vladimir Vassioutine.

1986

28 janvier Explosion en vol de la navette *Challenger* avec sept astronautes à bord.
19 février Mise sur orbite de la nouvelle station spatiale soviétique *Mir*, destinée à devenir le noyau d'un énorme complexe cosmique.
13 mars Léonid Kizim, Vladimir Soloviev partent à bord de *Soyouz 15* pour rejoindre la nouvelle station.
5 mai Kizim et Soloviev quittent la station orbitale Mir à bord de *Soyouz T15* et vont rendre visite à la vieille station *Saliout* 7.
fin juin Kizim et Soloviev regagnent la station Mir, à bord du *Soyouz T15*, transportant de nombreux équipements scientifiques de la vieille station vers la nouvelle.

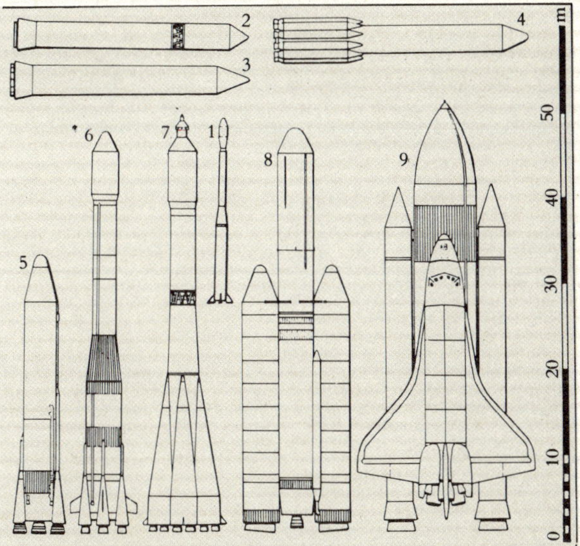

1, Scout (États-Unis) ; 2, B1 Cosmos (URSS) ; 3, C1 Cosmos (URSS) ; 4, Delta 3914 (États-Unis) ; 5, Atlas-Centaur (États-Unis) ; 6, Ariane (Europe) ; 7, A2 Soyouz (URSS) ; 8, Titan 3C (États-Unis) ; 9, Navette spatiale (États-Unis).

Bibliographie

Chrétien J.-L., Baudry P. : *Spatiales premières*, Plon, 1982.

Cronin V. : *la Terre, le cosmos et l'homme*, Denoël, 1984.

Gatland K. : *Exploration de l'espace*, encyclopédie visuelle, Bordas, 1984.

Lebeau A. : *l'Espace en héritage*, Odile Jacob, 1986.

Lewis R. : *les Découvertes spatiales*, encyclopédie visuelle, Bordas, 1985.

Villefosse H. : *Ticket pour l'espace*, Belfond, 1984.

et les revues :
La Conquête spatiale : ses retombées technologiques, économiques et sociales, *Futuribles*, numéro 38 (numéro spécial), novembre 1980.

La Conquête de l'espace, revue du Palais de la Découverte, juillet 1980.

Les Enjeux de l'espace in *les Cahiers français*, Documentation française, numéro 206-207, mars-septembre 1982.

L'Espace superstar, *Autrement* (numéro spécial), février 1986.

COUVERTURE

COUVERTURE

CHAPITRE I

CHAPITRE II

CHAPITRE III

CHAPITRE IV

CHAPITRE V

CHAPITRE VI

CHAPITRE VII

TÉMOIGNAGES ET DOCUMENTS

144 *l'Étoffe des héros,* film de Philip Kaufman, 1983.
145h Idem.
145b Idem.
146 *2001, Odyssée de l'espace,* film de Stanley Kubrick, 1968.
147 Idem.
148/149 Idem.
153 1, Scout (États-Unis) ; 2, B 1 Cosmos (URSS) ; 3, C 1 Cosmos (URSS) ; 4, Delta 3914 (États-Unis) ; 5, Atlas-Centaur (États-Unis) ; 6, Ariane (Europe) ; 7, A 2 Soyouz (URSS) ; 8, Titan 3 C (états-Unis) ; 9, Navette spatiale (États-Unis).

Abréviations : h : haut ; b : bas ; m : milieu ; g : gauche ; d : droite.

G

H

I

J

K

L

M

N

O

P

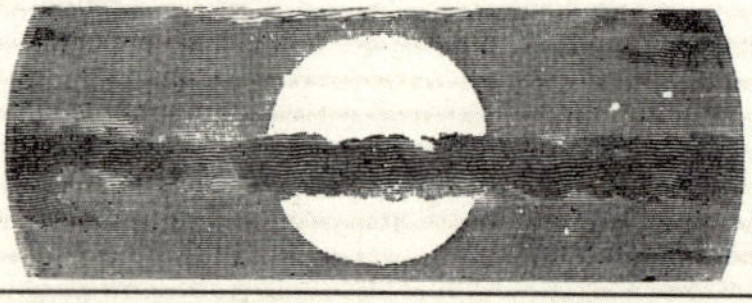

CRÉDITS PHOTOGRAPHIQUES

Agence de presse Novosti, Paris 22, 29h, 35h, 35b, 39, 44h, 44b, 45, 47h, 47b, 48h, 48b, 65, 66, 95, 97, 105, 108, 110, 114, 115. Bibl. nat., Paris 14, 20-21, 130. Broutin, Paris 125b. Casterman, Paris 136b, 137, 138, 139, 140, 141, 142, 143. Charmet, Paris 12, 17. Cliché Gallimard, Paris 16, 132, 133, 134g, 134d, 135. CNES, Paris 95, 113, 122-123, 125h, 159. Colorific, Londres 2-3, 4-5, 6-7, 8-9, 42, 43h, 43, 50, 129. Christophe L. Documentation, Paris 146, 147, 148-149. Droits réservés 30, 34, 38, 52-53, 53, 54, 57, 62-63, 67m, 82h, 82b, 93, 98, 104-105, 105, 106, 106, 110h, 111, 126, 136g. Ph. Esa, Paris 81, 89. Explorer Archives, Paris 18-19, 19b. Gamma, Paris 51, 58b, 109, 110bd. Gamma Liaison-Salaber, Paris 40, 41, 64h, 69, 90, 91, 92, 96, 101d, 112, 116-117, 118, 123, 124. Keystone, Paris 23, 26, 27, 28, 29b, 31b, 31h, 33, 36, 46, 52, 63. NASA, Washington couverture 11, 55, 56, 58h, 59, 60, 61, 67h, 68, 70, 71, 72, 73, 74-75, 76-77, 78-79, 80, 84-85, 86, 86-87, 87h, 88, 94, 99, 100-101, 121-122, 121, 128. Photo Publi Press, Paris 102-103, 103h. Rapho, Paris 13. Roger Viollet, Paris 15, 17, 25, 32, 131. Werner Columbia Film 144, 145h, 145b.

Table des matières